10	11	12	13	14		族
						周期

| | | | | | | | ₂He ヘリウム | 1 |

| | | | ₅B ホウ素 | ₆C 炭素 | ₇N 窒素 | ₈O 酸素 | ₉F フッ素 | ₁₀Ne ネオン | 2 |

| | | | ₁₃Al アルミニウム | ₁₄Si ケイ素 | ₁₅P リン | ₁₆S 硫黄 | ₁₇Cl 塩素 | ₁₈Ar アルゴン | 3 |

| Ni ケル | ₂₉Cu 銅 | ₃₀Zn 亜鉛 | ₃₁Ga ガリウム | ₃₂Ge ゲルマニウム | ₃₃As ヒ素 | ₃₄Se セレン | ₃₅Br 臭素 | ₃₆Kr クリプトン | 4 |

| Pd ジウム | ₄₇Ag 銀 | ₄₈Cd カドミウム | ₄₉In インジウム | ₅₀Sn スズ | ₅₁Sb アンチモン | ₅₂Te テルル | ₅₃I ヨウ素 | ₅₄Xe キセノン | 5 |

| Pt 金 | ₇₉Au 金 | ₈₀Hg 水銀 | ₈₁Tl タリウム | ₈₂Pb 鉛 | ₈₃Bi ビスマス | ₈₄Po ポロニウム | ₈₅At アスタチン | ₈₆Rn ラドン | 6 |

| Ds チウム | ₁₁₁Rg レントゲニウム | ₁₁₂Cn コペルニシウム | ₁₁₃Nh ニホニウム | ₁₁₄Fl フレロビウム | ₁₁₅Mc モスコビウム | ₁₁₆Lv リバモリウム | ₁₁₇Ts テネシン | ₁₁₈Og オガネソン | 7 |

————————————— 典型元素 —————————————

 ハロゲン　　　 貴ガス　　　詳しいことが わからない元素

合と含めない場合がある。

大学受験　一問一答シリーズ

3rd Edition

化学基礎一問一答【完全版】

東進ハイスクール・東進衛星予備校　講師

橋爪健作（はしづめけんさく）

東進ブックス

01
02
03
04
05
06
07
08
09
10

　2014年10月に『化学基礎一問一答【完全版】』を出版し，およそ10年が経過しました。この10年間の入試の変化として目立つのは，思考力を試す問題を出題することで問題の分量が増えた大学が多くなったことです（受験生にとって厳しい変化ですね）。そこで，時代の変化に対応した改訂を行いました。改訂にあたって重視したのは，次の2点です。

　(1)　入試問題に対する即答力がつくこと

　(2)　思考力が自然と身につくこと

　これらは，本書を繰り返し演習することで達成できます。加えて，皆さんが本書に特に期待してくれている「化学が拓く世界」についてはさらなる充実を図りました。

　また，『化学一問一答【完全版】3rd edition』とあわせて使っていただけると「化学基礎・化学」を完全にカバーするパーフェクトな一問一答になるようにも工夫して執筆しました（化学基礎と化学で重複している分野は，違う問題を扱っています）。

　本書の執筆については，次のように行いました。

~~~~~~~~~~~~~~~~~~~~~~~~~~~~~~~~~~~~~

　まず，約80校の大学（共通テストや旧センター試験を含む）の過去問を多年度にわたって取得し，問題を分野別に並べ，用語問題を中心にデータベース化し，その中から頻出問題を中心に抽出しました。

　次に，データに基づき選んだ問題の中からベスト問題を選び，このベスト問題をただ並べるのではなく，意味をもたせた問題配列にしました。意味をもたせるというのは，問題に答えながら入試に必要な用語が身につくようにするだけでなく，問題文を読み，問題を解く中で思考過程も身につくような問題配列にしました。

~~~~~~~~~~~~~~~~~~~~~~~~~~~~~~~~~~~~~

　そして，次の方針の下，「暗記だけではない一問一答」を作成しました。

▼本書の方針

① 入試問題をそのまま収録することで，実戦力がつくようにする。
② 厳選したベスト問題を余すところなく有効に利用する。
③ 問題演習により，教科書や参考書を熟読する効果が得られる。
④ わかりやすさを追求するため，計算問題は数値と単位を併記し，計算過程を省略しないようにする。
⑤ 計算問題はもちろんのこと，用語問題も思考過程をマスターできる工夫をする。
⑥ 暗記しなければいけない用語は，反復学習により確実に覚えられるような構成を目指す。

　電車・バスの通学時間や学校・塾の休み時間など，すきまの時間を有効活用して，本書を繰り返し演習してください。そうすれば，必要とされる思考力や用語知識が身につき，柔軟に入試問題に対応できるようになり，試験本番でどのような問題が出題されても自信をもって解答できるようになるはずです。

　勉強をしていると，その途中にはつらいことがたくさんあると思います。そのつらさを乗り越えて最後まで頑張ることで，皆さんが目標とする「共通テストでの高得点」や「第一志望校合格」に確実に近づきます。最後の最後まであきらめず，自信をもって試験に臨んでください。応援しています。

　最後になりましたが，執筆について適切なアドバイスをくださった東進ブックスの中島亜佐子さん，松尾朋美さんには，この場をお借りして感謝いたします。

2024 年 2 月

橋爪健作

本書は，下図のような一問一答式（空欄１つにつき解答は１つ）の問題集です。大学入試に必要な『化学基礎』の知識（用語の知識など）を，全３部（全10章）に分け，余すところなくすべて収録しています。

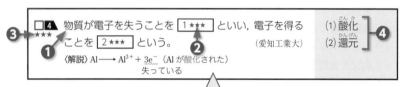

❶…**問題文**。膨大な大学入試問題をデータベース化し，一問一答式に適した問題を厳選して収録。問題文はできる限り**そのままの形**で収録していますが，抜粋時の都合や解きやすさを考えて改編したところもあります。問題文のあとには出題された**大学名**を表示。なお，問題文の下には**解説**が入る場合もあります。

※入試問題は，『化学基礎』の分野で旧課程時のものを含みます。

❷…**空欄（＋頻出度）**。重要な用語や知識が空欄になっています。空欄内の★印は，大学入試における頻出度を３段階で表したもので，★印が多いものほど頻出で重要な用語となります。また，同じ用語で★印の数が異なる場合は，その用語の問われ方の頻出度のちがいです。なお，数字など用語以外で★印のものは，同内容の問題の頻出度を表します。

【高】
頻出度
★★★ …超頻出の基礎用語。全員必修。
★★ …頻出用語。共通テストだけの生徒も，国公立大二次・私大志望の生徒も，基本的に全員必修。
★ …応用的な用語。「高得点（９割以上）は狙わない」という生徒は覚えなくてもよい。
【低】

※同じ答えが入る空欄は，基本的に同じ番号（１～９など）で表示されています。

❸…**問題の頻出度（平均）**。各空欄の頻出度の平均を表示。★は 0.1 ～ 0.9 を表し，★＜★★＜★★＜★★★＜★★★と★印が多いものほど頻出で重要な問題です。

❹…**正解**。問題の正解です。正解は赤シートで隠し，１つ１つずらしながら解き進めることもできます。問題に特に指定がない場合は，物質の名称と元素記号・化学式などを併記し，どちらで問われても対応できるようにしました。

【その他の記号】

発展 …**発展マーク**。「化学基礎」と「化学」の橋渡しになる内容。共通テスト化学基礎の試験対策のみで使う人は，必要に応じて学習してください。章や節全体が発展の内容を扱っている場合には，章・節タイトルにのみ〈発展〉と入れています。

応用 …**応用マーク**。国公立二次試験などに必要な応用的知識であるという意味。

[別] …**別解マーク**。直前にある正解の「別解」として考えられる解答。

本書はさまざまな使い方ができるので，工夫して使ってください。

▉ ふつうの一問一答集として使う

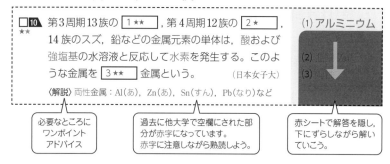

□**10** 第3周期13族の $\boxed{1\star\star}$ ，第4周期12族の $\boxed{2\star}$ ，
★★　14族のスズ，鉛などの金属元素の単体は，酸および
　　　強塩基の水溶液と反応して水素を発生する。このような金属を $\boxed{3\star\star}$ 金属という。　　　（日本女子大）

〈解説〉両性金属：Al(あ)，Zn(あ)，Sn(すん)，Pb(なり)など

(1) アルミニウム

必要なところにワンポイントアドバイス

過去に他大学で空欄にされた部分が赤字になっています。赤字に注意しながら熟読しよう。

赤シートで解答を隠し，下にずらしながら解いていこう。

▉ 1つの問題を効果的に利用する

□**5** リンの単体には $\boxed{1\star\star}$ や $\boxed{2\star\star}$ などの同素体
★★　がある。　1　　は　　　であり，空気中に放置する
　と　　　するので，　　で保存する
　毒性が　，マッチの　　に使われて

(1) 黄リン

赤シートで解答を隠し，下にずらしながら，問題文の赤字部分を解いていこう。

▉ 計算問題は，赤シートを上から下，左から右へずらして思考過程をマスターする

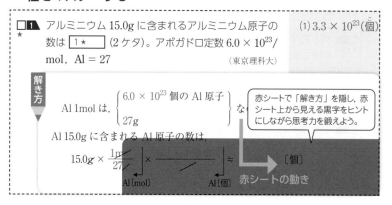

□**1** アルミニウム 15.0g に含まれるアルミニウム原子の
★　数は $\boxed{1\star}$ （2ケタ）。アボガドロ定数 6.0×10^{23}/
　mol，Al = 27　　　　　　　　　　　　（東京理科大）

(1) 3.3×10^{23}(個)

解き方

Al 1mol は，$\begin{cases} 6.0 \times 10^{23} \text{ 個の Al 原子} \\ 27g \end{cases}$ な

Al 15.0g に含まれる Al 原子の数は，

$15.0g \times \dfrac{1\text{m}}{27} \quad \times \quad \text{≒} \quad$ 〔個〕

Al〔mol〕　　　Al〔個〕

赤シートの動き

赤シートで「解き方」を隠し，赤シート上から見える黒字をヒントにしながら思考力を鍛えよう。

1 必要な知識を完全網羅 !!

テーマ別に配列し，入試に必要な知識を完全収録。体系的な理解（流れをつかむ）ができる構成で，教科書を熟読する効果＆反復学習の効果が得られます。

□**1** 空気や海水などのように2種類以上の物質が混じり
★★★ 合ったものを 1★★★ といい，これに対し混じりのない単一の物質を 2★★★ という。 （甲南大）

(1) 混合物
(2) 純物質

> 覚えやすい

> 異なる問題で同じ答えを問い，反復学習の効果が得られる。

□**2** 空気や土といった2種類以上の物質からなるものは
★★★ 1★★★ とよばれる。 （北海道大）

(1) 混合物

2 短期間で最大の効果をあげる !!

! ★印で「覚える用語」を選べる
頻出度を3段階の ★ 印で表示。どれを重点的に覚えればよいかがわかります。

! テーマごとに，「基礎→応用」という流れで問題を配列
読み進めていくだけで，応用力が身につきます。

□**1** 同じ元素でできた単体であり，互いにその構造や性質
★★★ の異なる物質を 1★★★ という。 （関西学院大）

(1) 同素体

> **1**で理解した用語を**2**で応用し，さらに理解が深まる。

□**2** 硫黄の単体には，3種類の同素体がある。これらの中
★ で，室温では黄色塊状の 1★ 硫黄が安定である。 （東邦大）

(1) 斜方

3 「試験に出る」形で覚えられる‼

❗ 入試問題をそのまま収録

実際の試験でどのように問われるのかがわかり，実戦力がつきます。

❗ 入試で問われる図が満載。しかもキレイ！

> 図で理解すると
> 忘れにくい！

〈COOH〉₂・2H₂O 12.6g を電子天秤で正確にはかりとる — メスフラスコ / 標線 — 洗液とともに1Lのメスフラスコに移す — 標線に合わせる 純水を加えて正確に1Lにする

4 詳しい解説だから徹底的に理解できる‼

❗ 覚えにくい内容にはゴロ合わせなどを紹介

> 〈解説〉両性酸化物には，Al₂O₃，ZnO，SnO，PbO などがある。
> 　　　　　あ　　あ　　すん　なり

> 暗記しやすいように工夫

❗ 計算問題の「解き方」には単位を併記し，わかりやすさを追求

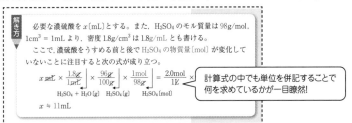

> 計算式の中でも単位を併記することで
> 何を求めているかが一目瞭然!

❗「考え方」で思考方法を紹介

化学的思考力が身につき，さまざまな問題に応用が可能です。

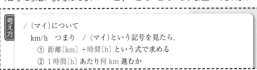

考え方 /（マイ）について
km/h つまり /（マイ）という記号を見たら,
① 距離〔km〕÷時間〔h〕という式で求める
② 1時間〔h〕あたり何 km 進むか

5 圧倒的な入試カバー率

　共通テスト（旧センター試験）や国立大学, 私立大学の入試に出題された『化学基礎』用語を, 本書に収録されている『化学基礎』用語がどのくらいカバーしているのかを表したのが「カバー率」です。

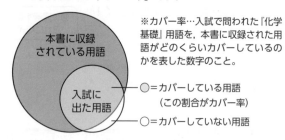

※カバー率…入試で問われた『化学基礎』用語を, 本書に収録された用語がどのくらいカバーしているのかを表した数字のこと。

◎＝カバーしている用語
　　（この割合がカバー率）
○＝カバーしていない用語

　例えば, 大学入試で「貴ガス」「イオン化傾向」など, 『化学基礎』用語が合計 100 語出題されたとします。その 100 語のうち 98 語が本書に収録されてあった（残りの 2 語は収録されていなかった）とすれば, カバー率は 98％となります。入試に出た用語の 98％を本書はカバーしているという意味です。

◆カバー率の集計方法

　カバー率の集計作業は下記の通りに行いました。そして, 共通テスト（旧センター試験）, 主要な国立大学, 私立大学の入試問題について, この方法で用語のカバー率を算出し, 一覧にしたのが右ページの表です。

❶ 共通テスト（旧センター試験）・主要国立・私立大学の入試から, カバー率の対象となる『化学基礎』用語（以下参照）を抜き出す。
・選択肢にあるすべての用語（正解含む）
・設問文で問われている用語　　　　　　　　｝これらの用語（＝対象用語）を抜き出す
・問題文中の下線が引かれてある用語
・その他, 正解のキーワードとなる用語
　※つまり,「その用語の知識があれば正解がわかる（絞り込める）」という用語を抜き出す。

❷ 対象用語と本書の用語データをコンピュータで照合する。
　対象用語が｛本書の用語データにある→◎（カバーしている）
　　　　　　　｛本書の用語データにない→×（カバーしていない）

❸「◎の数÷対象用語の数＝カバー率」という計算でカバー率を出す。
　例：「対象用語＝ 65 語　◎＝ 60 語　×＝ 5 語」のとき, 60 ÷ 65 ≒ 92.3％

▼大学入試別カバー率一覧表

		大学名	年度／学部	カバー語数／総語数	カバー率
共テ・センター	1	共通テスト (本試)	2024 年度	74／74	100.0%
	2	〃	2023 年度	75／75	100.0%
	3	〃	2022 年度	77／77	100.0%
	4	〃	2021 年度	58／58	100.0%
	5	センター試験 (本試)	2020 年度	78／78	100.0%
国立大学	6	東京大学	理科一類, 二類, 三類	44／46	95.7%
	7	京都大学	理系学部全体	26／27	96.3%
	8	北海道大学	理系学部全体	64／64	100.0%
	9	東北大学	理系学部全体	91／92	98.9%
	10	東京工業大学	全学院	86／87	98.9%
	11	名古屋大学	理系学部全体	75／76	98.7%
	12	大阪大学	理系学部全体	34／34	100.0%
	13	神戸大学	理系学部全体	39／39	100.0%
	14	九州大学	理系学部全体	22／22	100.0%
	15	筑波大学	理系学部全体	41／42	97.6%
	16	信州大学	理系学部全体	30／31	96.8%
	17	金沢大学	理系学部全体	100／100	100.0%
	18	静岡大学	理系学部全体	72／73	98.6%
	19	富山大学	理系学部全体	64／64	100.0%
	20	岡山大学	理系学部全体	55／55	100.0%
	21	広島大学	理 ほか	63／64	98.4%
	22	熊本大学	理系学部全体	42／43	97.7%
私立大学	23	早稲田大学	基幹理工 ほか	61／61	100.0%
	24	慶應義塾大学	理工	35／36	97.2%
	25	上智大学	理工	43／43	100.0%
	26	東京理科大学	創域理工	62／62	100.0%
	27	明治大学	理工	104／105	99.1%
	28	青山学院大学	理工	19／19	100.0%
	29	立教大学	理	35／36	97.2%
	30	中央大学	理工	60／60	100.0%
	31	関西学院大学	理 ほか	52／52	100.0%
	32	関西大学	環境都市工 ほか	65／66	98.5%
	33	同志社大学	理工 ほか	78／80	97.5%
	34	立命館大学	理工 ほか	106／107	99.1%
	35	近畿大学	理工 ほか	89／89	100.0%

＊「理系学部全体」は，化学の試験を課している理系学部を指します。
＊国立大学，私立大学は 2023 年度の試験問題を対象としています。
＊「総語数」とは，左ページにある「対象用語」の総語数です。

目　次

第 **01** 章

物質の分類

1 単体と化合物

▼ **ANSWER**

□ **1** 物質を構成している基本的な成分を $\boxed{1 \star\star}$ といい, 現在約 120 種類が知られている。　　　（名城大）

(1) 元素

□ **2** 太陽系をつくる元素は水素が最も多く, これに次ぐ $\boxed{1 \star}$ を合わせると質量で約 99 %にもなる。（富山大）

(1) ヘリウム He

□ **3** 純物質の中には, 1 種類の元素のみからなる $\boxed{1 \star\star\star}$ と複数の元素からなる $\boxed{2 \star\star\star}$ がある。　　（早稲田大）

(1) 単体
(2) 化合物

□ **4** $\boxed{1 \star\star\star}$ のうち, 2 種類以上の元素からできているものを化合物といい, 1 種類の元素からできていてそれ以上分けられないものを $\boxed{2 \star\star\star}$ という。　　（甲南大）

(1) 純物質
(2) 単体

□ **5** 次の①～⑤のうち, 単体でない物質は $\boxed{1 \star\star}$ である。
① アルゴン　② オゾン　③ ダイヤモンド
④ マンガン　⑤ メタン　　　　　　　　　（センター）
〈解説〉① Ar ② O_3 ③ C ④ Mn ⑤ CH_4

(1) ⑤

□ **6** ある化合物の成分元素の質量比は, 化合物のつくり方などによらず常に一定である。これは $\boxed{1 \star}$ の法則とよばれている。　　　　　　　　　　（芝浦工業大）

(1) 定比例

□ **7** 1 種類の元素からできている純物質を $\boxed{1 \star\star\star}$ といい, 常温で気体のものとして水素や酸素など, 液体のものとして $\boxed{2 \star\star}$ と $\boxed{3 \star\star}$ （(2)(3)順不同）, 固体のものとして鉄やアルミニウムなどがある。　（富山大）
〈解説〉室温(25℃)の下, 単体が液体のものは臭素 Br_2 と水銀 Hg のみ。

(1) 単体
(2) 臭素 Br_2
(3) 水銀 Hg

□ **8** ダイヤモンドは $\boxed{1 \star\star}$ のみからなる $\boxed{2 \star\star\star}$ であり, 石英は $\boxed{3 \star}$ と $\boxed{4 \star}$ （(3)(4)順不同）からなる $\boxed{5 \star\star}$ である。同じ元素からなる $\boxed{2 \star\star\star}$ で構造や性質の異なるものも存在し, これらを互いに同素体という。　　　　　　　　　　　　　　（早稲田大）

(1) 炭素 C
(2) 単体
(3) ケイ素 Si
(4) 酸素 O
(5) 化合物

[2] 同素体

▼ANSWER

□[1] ★★★ 同じ元素でできた単体であり，互いにその構造や性質の異なる物質を [1 ★★★] という。（関西学院大）

〈解説〉同素体の存在する元素は，S，C，O，Pなど。
スコップ

(1) 同素体（どうそたい）

□[2] ★★ 硫黄の単体には，3種類の同素体がある。これらの中で，室温では黄色塊状の [1 ★] 硫黄が安定である。[1 ★] 硫黄を 120℃に熱して融解したのち冷やすと淡黄色針状の [2 ★] 硫黄が得られる。また，[1 ★] 硫黄を約 250℃まで熱して液体とし，これを冷水に注いで急冷すると，黄～褐色の [3 ★★] 硫黄が得られる。（東邦大）

(1) 斜方（しゃほう）
(2) 単斜（たんしゃ）
(3) ゴム状（じょう）

□[3] ★★★ 炭素の代表的な [1 ★★★] は3種類存在する。あらゆる物質の中できわめて硬い [2 ★★★] は，多数の炭素原子がすべて [3 ★★] 結合で結合した結晶構造をしている。[4 ★★★] は金属光沢のある灰黒色結晶で薄くはがれやすく，鉛筆の芯などに使用される。さらに，中空球状構造をもつ [5 ★] がある。[5 ★] の代表的なものは炭素原子 [6 ★] 個からなり，サッカーボールの形をしている。（弘前大〈改〉）

〈解説〉無定形炭素やカーボンナノチューブも炭素の同素体。
また，フラーレン C_{70} はだ円体である。

(1) 同素体（どうそたい）
(2) ダイヤモンド
(3) 共有（きょうゆう）
(4) 黒鉛（こくえん） [[別]グラファイト]
(5) フラーレン
(6) 60

□[4] ★★ オゾンは酸素の [1 ★★★] であり，成層圏では有害な [2 ★] 線を吸収して，地球上の生物を守っている。従来，冷蔵庫などに使用されてきた [3 ★] は成層圏でオゾンを分解するため，それに代わる物質の開発が進められている。オゾンは酸素中での [4 ★] や酸素への [2 ★] 線の照射により生成する。（法政大）

(1) 同素体（どうそたい）
(2) 紫外（しがい）
(3) フロン
(4) (無声)放電（むせい ほうでん）

□[5] ★★ リンの単体には [1 ★★] や [2 ★★] などの同素体がある。[1 ★★] は有害であり，空気中に放置すると自然発火するので，水中で保存する。[2 ★★] は毒性が低く，マッチの摩擦面に使われている。（新潟大）

(1) 黄リン（おう）
(2) 赤リン（せき）

3 純物質と混合物

▼ **ANSWER**

□ 1
★★★
空気や海水などのように2種類以上の物質が混じり合ったものを $\boxed{1\,\text{★★★}}$ といい，これに対し混じりのない単一の物質を $\boxed{2\,\text{★★★}}$ という。
(甲南大)

(1) 混合物
(2) 純物質

□ 2
★★★
空気や土といった2種類以上の物質からなるものは $\boxed{1\,\text{★★★}}$ とよばれる。
(北海道大)

(1) 混合物

□ 3
★★
地球の乾燥した空気は，体積組成が約78%の $\boxed{1\,\text{★★}}$ ，約21%の $\boxed{2\,\text{★★}}$ ，約1%の $\boxed{3\,\text{★}}$ 等からなる。
(富山大)

(1) 窒素 N_2
(2) 酸素 O_2
(3) アルゴン Ar

〈解説〉乾燥空気の体積組成

Ar　0.9%
CO_2　0.04%
その他

O_2　20.9%

N_2　78.1%

□ 4
★
混合物から純物質を取り出すことを $\boxed{1\,\text{★}}$ という。
(早稲田大)

(1) 分離

□ 5
★★★
混合物から，さまざまな分離操作によって $\boxed{1\,\text{★★★}}$ を取り出し，さらに取り出した $\boxed{1\,\text{★★★}}$ に含まれる元素を特定することもできる。
(甲南大)

(1) 純物質

□ 6
★★
次の①〜⑤のうち，純物質でないものは $\boxed{1\,\text{★★}}$ である。

① ナフサ　② ミョウバン　③ ダイヤモンド
④ 氷　⑤ 硫酸銅(II)五水和物
(センター)

(1) ①

解き方▼

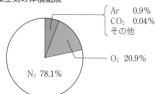

①
原油 —分留→
・ナフサ（粗製ガソリン）〈沸点 30 〜 180℃〉…ガソリン原料
・灯油〈沸点 170 〜 250℃〉
・軽油〈沸点 240 〜 350℃〉

それぞれ沸点が一定でない。つまり，混合物。

② $AlK(SO_4)_2\cdot12H_2O$　③ C　④ H_2O　⑤ $CuSO_4\cdot5H_2O$

純物質

4 物質の分離

□**1**
★★
何種類かの成分物質がいろいろな割合で混じり合った物質を □1 ★★★ という。これに対して，ただ1種類の成分物質からなるものを □2 ★★★ という。□1 ★★★ から目的とする成分を取り出す操作を □3 ★ という。また，取り出した物質から不純物を取り除き，より高純度の物質を得る操作は □4 ★ とよばれる。(弘前大)

(1) 混合物
(2) 純物質
(3) 分離
(4) 精製

□**2**
★★
□1 ★★ は液体とその液体に溶けない固体の混合物をこし分ける方法である。 (日本女子大)

(1) ろ過

□**3**
★★
混合溶液の溶媒とは混じらない液体を使って特定の成分を □1 ★★ とよばれる操作により分離することができる。 (愛媛大)

(1) 抽出

□**4**
★★
緑茶をつくる場合，茶葉にお湯を注ぎ，味，香りや色の成分をお湯に溶かし出す。この例のような分離操作を □1 ★★ という。 (横浜国立大)

(1) 抽出

□**5**
★★
ベンゼンは水とはほとんど混じり合わないが，多くの種類の有機化合物をよく溶かす。ある化合物が水と混合しているとき，その化合物が水よりもベンゼンによく溶ければ，ベンゼンを加えてよく振り混ぜることで，その化合物を水層からベンゼン層へ移動させることができる。このような操作を □1 ★★ という。(同志社大)

(1) 抽出

□**6**
★★
ヨウ化カリウムとヨウ素の混合物から，□1 ★★ によりヨウ素を取り出す。 (宮崎大)

(1) 昇華

〈解説〉① 抽出

分液漏斗
二層に分かれる

② 昇華による分離

冷水
付着したヨウ素
砂
ヨウ化カリウムとヨウ素

コーヒーの抽出

□**7**　固体のカフェインを加熱していくと液体の状態を経ず
★★　に直接気体になる。このような現象は　1★★　とよば
　　れる。この気体を冷却することにより，カフェインが
　　精製される。　　　　　　　　　　　　　　　　（弘前大）

(1) 昇華 (しょうか)

□**8**　インクに含まれる複数の色素を，　1★★　によりそれ
★★　ぞれ分離する。　　　　　　　　　　　　　（センター）

(1) クロマトグラフィー

□**9**　クロマトグラフィーは物質に対する　1★　力の違
★　いを利用して微量な成分の分離や物質の精製に適用さ
　　れている。　　　　　　　　　　　　　　　　　（愛媛大）

(1) 吸着 (きゅうちゃく)

〈解説〉いろいろなクロマトグラフィー

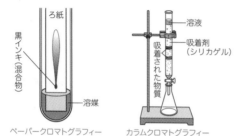

黒インキ（混合物）
ろ紙
溶媒
ペーパークロマトグラフィー

溶液
吸着剤（シリカゲル）
吸着された物質
カラムクロマトグラフィー

□**10**　シリカゲルなどの固体をつめたガラス管に，2種類以
★★　上の物質を含む溶液を流し，溶媒とともに固体中を移
　　動させると，固体に対する物質の　1★　の違いに
　　よって移動速度が異なってくる。この移動速度の違い
　　を利用して分離・精製する操作が　2★★　である。
　　　　　　　　　　　　　　　　　　　　　　　　（群馬大）

(1) 吸着力 (きゅうちゃくりょく)
(2) (カラム)クロマトグラフィー

□**11**　2種以上の成分からなる液体状の混合物を加熱する
★★　と，沸点の低い方の成分が　1★★　しやすいので，こ
　　の蒸気を冷却して分離する方法を　2★★　法という。
　　特に，いくつかの液体成分の混合物を沸点の差を利用
　　して沸点の低い成分から順に分離する方法は　3★★
　　法とよばれ，石油の精製などに用いられる。　　（北里大）

(1) 蒸発 (じょうはつ)
(2) 蒸留 (じょうりゅう)
(3) 分留 (ぶんりゅう)
　　 [＠分別蒸留 (ぶんべつじょうりゅう)]

□12 海水を加熱することで生じる水蒸気を冷却することに
★★ より，海水から純粋な水を分離できる。このような分
離操作を │ 1 ★★ │ という。また，地中から採掘した原
油は炭素原子の数が異なる多種の炭化水素の混合物で
あり，石油精製工場で軽油，灯油，ナフサなどに分離
する操作を行う。炭化水素は炭素原子の数や分子構造
によって │ 2 ★★ │ が異なり，その性質の違いを利用し
て行う分離操作を分留という。　　　（横浜国立大）

(1) 蒸留（法）
(2) 沸点

〈解説〉蒸留（法）

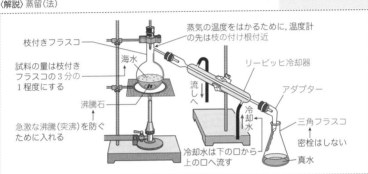

□13 溶質が溶媒に溶けて均一な溶液になる現象を溶解とい
★★ い，溶解しうる最大量の溶質が溶けている溶液を
│ 1 ★★ │ 溶液という。溶質が固体の場合，溶媒 100g
に溶かすことのできる溶質の最大質量をグラム単位の
数値で表したものを溶解度という。溶解度は溶液の温
度や溶質の種類により異なる。温度を下げるなどの方
法で溶質の量が溶解しうる最大量を超えた場合，過剰
の溶質は結晶として析出する。溶質どうしの溶解度の
違いを利用して不純物の混入した固体を精製する方法
を │ 2 ★★ │ という。　　　（立命館大）

(1) 飽和
(2) 再結晶（法）

〈解説〉再結晶（法）

5 元素の検出

▼ ANSWER

□**1**
★★★
洗浄した 1 ★★ の先に $NaHCO_3$ の水溶液をつけ，バーナーの外炎に入れると，炎の色が 2 ★★★ 色になった。同様に，$KHCO_3$ の水溶液をつけた場合は，炎の色が 3 ★★★ 色になった。　　（千葉大）

(1) 白金線
(2) 黄
(3) 赤紫

〈解説〉

ナトリウム Na，カルシウム Ca，銅 Cu などのイオンを含んでいる水溶液を白金線につけて，ガスバーナーの外炎に入れると，それぞれの成分元素に特有な炎色反応を示す。花火には，炎色反応が利用されている。

白金線
色のついた炎
内炎　外炎
M^{n+}

リチウム Li	ナトリウム Na	カリウム K	銅 Cu	バリウム Ba	カルシウム Ca	ストロンチウム Sr
赤色	黄色	赤紫色	青緑色	黄緑色	橙赤色	紅色

ゴロ合わせ▶ Li　赤　Na　黄　K　紫　Cu　緑　Ba　緑　Ca　橙　Sr　紅
　　　　　　リ　アカー　な　き　K 村，動　力に　馬　力　借りる　とう　する も　くれない

□**2**
★★★
2族元素であるアルカリ土類金属のうち，ベリリウム Be と 1 ★★★ は炎色反応を示さないが，カルシウム Ca や 2 ★★★ はそれぞれ橙赤色と黄緑色の炎色反応を示す。　　（星薬科大）

(1) マグネシウム Mg
(2) バリウム Ba

〈解説〉このように，Be と Mg は他の2族元素と性質がやや異なるので，以前は Be と Mg を除く2族元素をアルカリ土類金属とよんでいた。

□**3**
★★★
物質中の元素の確認には，炎色反応や沈殿反応など，それぞれの元素に特有な反応を利用する。例えば，ある物質を燃やして発生した気体を石灰水に通じた際， 1 ★★★ 色の沈殿物として 2 ★★ が生じれば，この物質中に炭素が含まれていることがわかる。　（名城大）

(1) 白
(2) 炭酸カルシウム $CaCO_3$

〈解説〉発生した気体は CO_2。

□4 単一の化合物の粉末が入った試薬ビンについて，成分元素の確認実験【1】～【4】を行った。
★★★

【確認実験】

【1】水に溶解し，その中に白金線を浸し，炎色反応を行う。

【2】水溶液に硝酸銀水溶液を滴下する。

【3】図のような装置で未知化合物の粉末を加熱し，生じた気体を石灰水に通じる。

【4】加熱後，試験管の管口付近に液体がたまったので，液体を硫酸銅(II)無水塩につける。

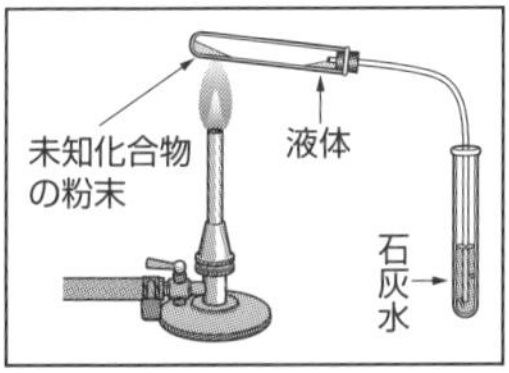

【2】の実験は [1 ★★★] という元素，
【3】の実験は [2 ★★★] という元素と酸素 O という元素，
【4】の実験は [3 ★★] という元素と酸素 O という元素
を確認するために行った。　（星薬科大）

〈解説〉硝酸銀 $AgNO_3$ 水溶液を加えて水に溶けにくい塩化銀 AgCl の白色沈殿が生じたら，塩素 Cl という元素が含まれていたとわかる。石灰水が白濁したら，生じた気体は二酸化炭素 CO_2 とわかる。硫酸銅(II)無水塩 $CuSO_4$ は白色の結晶で水 H_2O をつけると青色になる。

(1) 塩素（えんそ） Cl
(2) 炭素（たんそ） C
(3) 水素（すいそ） H

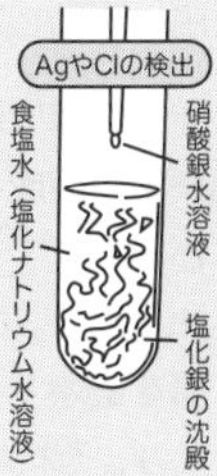

□5 貝殻や卵の殻などの主成分であり，海水中にも含まれるある物質 A を炎の中に入れると橙赤色を示した。また，A を酸に溶解させて発生した気体を水酸化バリウム水溶液に通じると白色沈殿が生じた。A に含まれる元素を 3 種類，元素記号で示せ。[1 ★★]，[2 ★★]，[3 ★★]（順不同）　（甲南大）
★★

〈解説〉① 炎色反応で橙赤色 ➡ カルシウム Ca が含まれている。
水酸化バリウム $Ba(OH)_2$ や水酸化カルシウム $Ca(OH)_2$ の水溶液に通じると $BaCO_3$ や $CaCO_3$ の白色沈殿を生じさせるのは，二酸化炭素 CO_2 である ➡ 炭素 C や酸素 O が含まれている。
②A は $CaCO_3$ で酸に溶解させると CO_2 を発生する。

$$CaCO_3 + 2H^+ \longrightarrow Ca^{2+} + CO_2 + H_2O$$

（$CaCO_3$：貝殻，卵の殻，大理石）

(1) Ca
(2) C
(3) O

6 物質の三態

▼ANSWER

□1 ★★ 物質は，一般に，固体，液体，気体のいずれかの状態で存在している。これらを物質の [1★] という。物質の状態は，その構成粒子の集合状態の違いを反映しており，粒子間にはたらく [2★★] の大きさと，粒子の [3★★] の激しさの大小関係によって決まる。（信州大）

(1) 三態（さんたい）
(2) 分子間力（ぶんしかんりょく）
(3) 熱運動（ねつうんどう）

□2 ★★ 物質を構成する粒子は，絶えず不規則な運動を繰り返しており，これを [1★★] という。高温であるほど [1★★] は活発になる。（琉球大）

(1) 熱運動（ねつうんどう）

□3 ★★★ 大気圧のもとで，物質の温度が高くなると分子の熱運動エネルギーが [1★★] なるから，分子の集合状態が変わり，[2★★★] →液体→気体と状態が変化していく。これを [3★★] という。気体の場合には，分子は互いに大きく離れていて，[4★★] に打ちかち，空間を自由に運動している。（福岡大）

(1) 大きく（おお）
(2) 固体（こたい）
(3) 状態変化（じょうたいへんか）
[[別]物理変化（ぶつりへんか）]
(4) 分子間力（ぶんしかんりょく）

□4 ★★★ 空気の組成は，地表からの高さや場所によらず，ほぼ一定の組成を示す。これは，物質を構成している粒子が絶えず [1★★] 運動をして空間に広がっていくためである。このような現象を [2★★★] とよぶ。オゾン層を破壊するフロンは空気よりはるかに重い物質であるが，それが成層圏にまで上昇するのは [2★★★] のためである。（法政大）

(1) 熱（ねつ）
(2) 拡散（かくさん）

□5 ★★★ 水には，固体（氷），液体（水），気体（水蒸気）の3つの状態があり，これを三態という。この三態間の変化は，温度や圧力を変えることによっておこる。氷を加熱すると液体の水になる。さらに加熱すると水蒸気になる。逆に，水蒸気を冷却すると液体の水を経て氷になる。固体から液体への状態変化を [1★★★]，その逆の変化を [2★★★] という。また，液体から気体への状態変化を [3★★★]，その逆の変化を [4★★★] という。このほか，固体が直接気体になる変化を [5★★★] という。（東京理科大）

〈解説〉気体が直接固体になる変化は凝華（昇華という場合もある）という。

(1) 融解（ゆうかい）
(2) 凝固（ぎょうこ）
(3) 蒸発（じょうはつ）
(4) 凝縮（ぎょうしゅく）
(5) 昇華（しょうか）

□[6] ★★★ 図は，氷 1mol を大気圧下 (1.013×10^5Pa)，毎分一定の熱量で加熱したときの，加熱時間と温度との関係を模式的に示している。

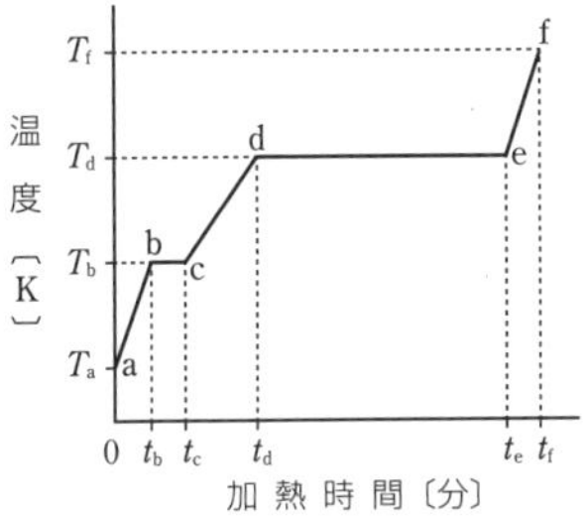

この物質の状態は ab 間では [1★★]，bc 間では [2★★]，cd 間では [3★★]，de 間では [4★★]，ef 間では [5★★] となっており，T_b は [6★★★]，T_d は [7★★★] という。 (防衛大)

(1) すべて固体
(2) 固体と液体
(3) すべて液体
(4) 液体と気体
(5) すべて気体
(6) 融点
(7) 沸点

[発展] □[7] ★★★ 純物質は，温度を上げていくと，固体から液体に変化し，これを [1★★★] という。この変化に必要な熱を [2★★] といい，変化がおこっている間は，一定圧力では，[3★★★] は変化しない。さらに温度を上げていくと，液体から気体へと変化する。これを [4★★★] といい，この変化に必要な熱を [5★★] という。 (名城大)

(1) 融解
(2) 融解熱 [[別]融解エンタルピー]
(3) 温度 [[別]融点]
(4) 蒸発
(5) 蒸発熱 [[別]蒸発エンタルピー]

□[8] ★★★ すべての物質には，固体，液体，気体の 3 つの状態がある。固体中の粒子は，それぞれ決まった位置で振動といった [1★★] をしている。今，固体状態のある物質をふたのない容器に入れる。この物質を加熱すると，粒子の [1★★] が活発になる。温度が融点に達すると，粒子はもはやその決まった位置にとどまることができなくなり，固体は [2★★★] して液体になる。液体になると，粒子は互いに入れかわって移動する。また，激しい [1★★] をする一部の粒子は，粒子間にはたらく力を振り切って液面から飛び出す。この現象を [3★★★] という。 (岡山大)

(1) 熱運動
(2) 融解
(3) 蒸発

□9 ★★★
物質の状態が [1★★★] の場合は，分子は激しい [2★★] を行っており，分子間の距離が大きいため，分子間の引力はほとんど影響しない。多くの物質は，冷却していくと [3★★★] になり，外から圧力をかけても簡単に形が変わったりこわれたりしない。 [4★★★] は，[1★★★] と [3★★★] の中間の状態にある。融点で1mol あたりの [3★★★] と [4★★★] の体積を比べると，一部例外はあるが大部分は [4★★★] の方が 10%ぐらい [5★★] 。これは，それぞれの状態における分子間の距離や配列の違いによる。

物質が [3★★★] の状態で，粒子が3次元的に規則正しく配列した状態を結晶という。 （名城大）

〈解説〉一部例外として水 H_2O を覚えておく。氷の体積＞水の体積となる。

(1) 気体
(2) 熱運動
(3) 固体
(4) 液体
(5) 大きい

[発展] □10 ★
固体の中でも，構造単位の周期的な繰り返しを持たない構造を有するものがあり，それらの状態を [1★] という。 （高知大）

(1) アモルファス
[[別]非晶質，無定形]

[発展] □11 ★
アモルファス金属やアモルファス合金は，高温で [1★] させた金属を急速に [2★] してつくられる。 （共通テスト）

〈解説〉構成粒子が規則性をもたずに配列している固体をアモルファスまたは非晶質という。

(1) 融解
(2) 冷却

[発展] □12 ★★★
温度が沸点に達すると，液面ばかりでなく，液体内部からも激しく [1★★★] がおこるようになる。この現象を [2★★★] という。 （岡山大）

(1) 蒸発
(2) 沸騰

□13 ★★★
気体分子は [1★★★] によって空間を飛び回っている。気体を容器に入れると，気体分子は容器壁に衝突することで，容器壁を一定の力で押す。単位面積あたりの容器壁に一定時間に衝突する気体分子の数が [2★★] ほど，また，容器内の温度が [3★★] ほど，気体の圧力は大きくなる。 （千葉大）

(1) 熱運動
(2) 多い
(3) 高い

□14 ★ 図は，熱運動する一定数の気体分子Aについて，100，300，500Kにおける A の速さと，その速さをもつ分子の数の割合の関係を示したものである。500Kから1000Kに温度を上昇させると分子の速さの分布はどのように変化するか図中にかき込め。 [1★]

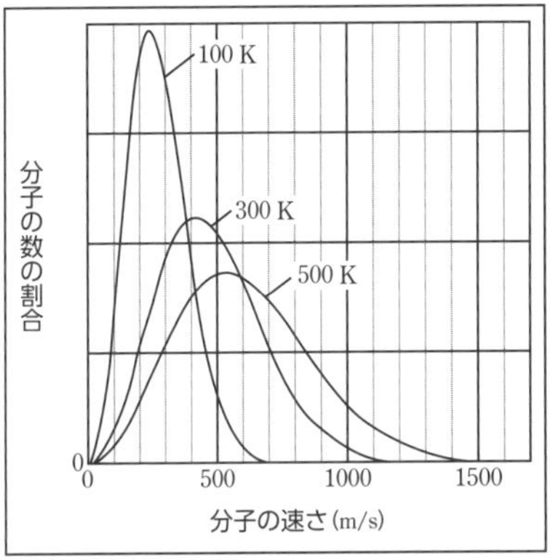

図　各温度における気体分子Aの速さと，その速さをもつ分子の数の割合の関係

（予想問題）

〈解説〉高温ほど分子の速さの平均値が大きくなる。

(1)

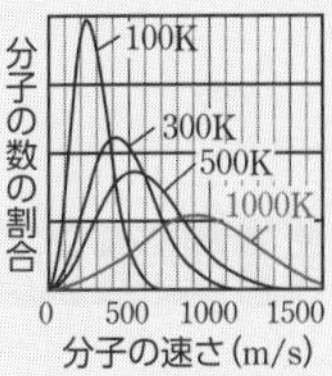

□15 ★★ 日常生活では [1★] 温度 t〔℃〕を使うことが多いが，−273℃は [2★★] が完全に停止する温度の最低限界であり，化学ではこの温度を原点とする [3★] 温度 T〔K〕を用いることも多い。T と t には，[4★★] の対応関係がある。また，0〔K〕のことを [5★] という。

（予想問題）

〈解説〉

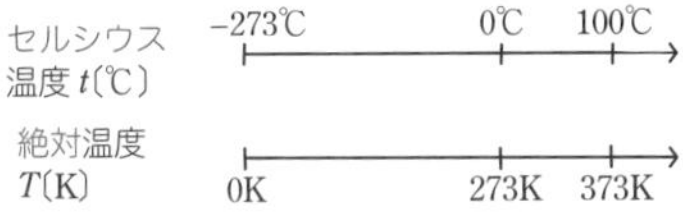

(1) セルシウス [別セ氏]
(2) 熱運動
(3) 絶対
(4) T〔K〕＝ t〔℃〕＋273
(5) 絶対零度

□16 ★ ドライアイスが昇華して気体の二酸化炭素 CO_2 になる温度は−78.50℃である。25.00℃の絶対温度は298.15Kであることを用いて，この温度を絶対温度で表すと [1★] K（5ケタ）となる。（神奈川大）

〈解説〉$T = -78.50℃ + (298.15 - 25.00) = 194.65K$

(1) 194.65

01 物質の分類 [6] 物質の三態

第 02 章

原子・イオン

1 原子の構造

▼ANSWER

□1 ★★★ 右図は原子の模型である。図中の (X) と (Y) はそれぞれ [1★★★] と [2★★★] である。[1★★★] の数は [3★★★] といい，それは [2★★★] の数に等しい。図は [4★] 原子を表している。（神奈川大）

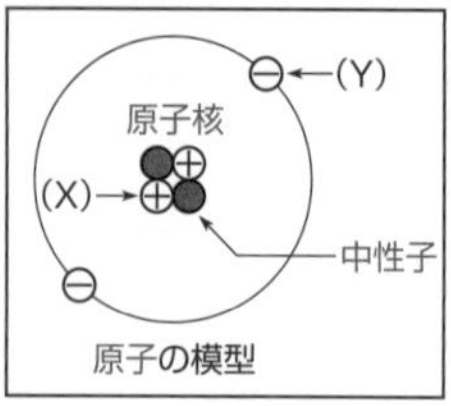

原子の模型

〈解説〉原子番号＝陽子の数＝電子の数
図は原子番号＝ 2 の $_{2}He$

(1) 陽子
(2) 電子
(3) 原子番号
(4) ヘリウム He

□2 ★★★ 原子は，[1★★★] と [2★★★] から構成されている。[2★★★] は電荷をもつ陽子と電荷をもたない中性子からできている。また，[2★★★] の周りには [1★★★] がいくつかの [3★★★] を形成する。（岐阜大）

(1) 電子
(2) 原子核
(3) 電子殻

□3 ★★★ 原子核に含まれる [1★★★] の数を [2★★★] という。原子核に含まれる [1★★★] の数は，元素ごとに決まっているので，同じ元素の原子は同じ [2★★★] をもつ。

原子核に含まれる [1★★★] の数と [3★★★] の数の和を [4★★★] という。（横浜国立大）

〈解説〉質量数＝陽子の数＋中性子の数

(1) 陽子
(2) 原子番号
(3) 中性子
(4) 質量数

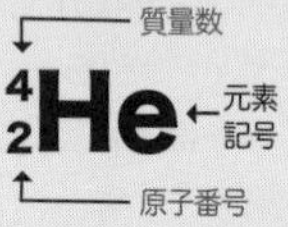

□4 ★★★ 原子には [1★★★] と同数の電子が含まれ，原子全体では電気的に [2★★] である。（熊本大）

(1) 陽子
(2) 中性

□5 ★★★ 周期表は，元素を [1★★★] の順番に並べたものである。（鹿児島大）

(1) 原子番号
[[別]陽子の数]

□6 質量数 40, 陽子の数 18 の原子の原子番号は [1★　　], 電子の数は [2★　　], 中性子の数は [3★　　], 元素記号は [4★　　] となる。 （慶應義塾大）

(1) 18
(2) 18
(3) 22
(4) Ar

> **解き方**　陽子の数＝原子番号＝電子の数＝18
> 中性子の数＝質量数−陽子の数＝40 − 18 ＝ 22
> 原子番号 18 の元素は, アルゴン Ar である。

□7 陽子と [1★★★] の質量は, ほぼ等しい。 （北海道工業大）

(1) 中性子

□8 原子は, 原子核とそのまわりに存在する [1★★★] からなる。原子核は, 正電荷をもつ [2★★★] と電荷をもたない [3★★★] から構成される。また [2★★★] と [3★★★] の数の和をその原子の [4★★★] という。[1★★★] の質量は [2★★★] や [3★★★] の質量のおよそ [5★] であり, 原子の質量はほとんど原子核に集中している。 （関西学院大）

(1) 電子
(2) 陽子
(3) 中性子
(4) 質量数
(5) $\dfrac{1}{1840}$

〈解説〉 ¹₁H の原子核には, 中性子は存在しない。

粒	子	電気量(C)	電荷	質量(g)	質量比
原子核	陽子	$+ 1.602 \times 10^{-19}$	$+ 1$	1.673×10^{-24}	1840
	中性子	0	0	1.675×10^{-24}	1840
電	子	$- 1.602 \times 10^{-19}$	$- 1$	9.109×10^{-28}	1

□9 原子核の半径は, 原子の半径に比べて [1★★★] 。また, 原子核の質量は, 電子 1 個の質量に比べて [2★★★] 。このことから, 物質の質量は主として [3★★★] が, 固体の体積は主として [4★★★] が決めていることになる。 （愛媛大）

(1) (きわめて)小さい
(2) (きわめて)大きい
(3) 原子核
(4) (最外殻)電子

〈解説〉 水素原子

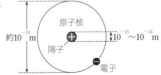

約 10^{-10} m　原子核　$10^{-15} \sim 10^{-14}$ m　陽子　電子

□10 原子核は非常に小さく, その直径は [1★　　] m 程度である。 （早稲田大）

(1) $10^{-15} \sim 10^{-14}$

2 同位体

▼ANSWER

1 ★★★

[1 ★★★] が同じで中性子の数の異なるものを互いに [2 ★★★] であるといい，これらの化学的性質は同じである。 （鹿児島大）

〈解説〉フッ素 F，ナトリウム Na，アルミニウム Al のように，天然に同位体が存在しないものもある。

(1) 原子番号 [[別] 陽子の数]
(2) 同位体 [[別] アイソトープ]

2 ★★

原子番号 8 の酸素原子には，質量数が 16，17，18 の [1 ★★★] が存在する。したがって，構成する酸素原子の [1 ★★★] を考慮すると，酸素分子は [2 ★] 種類存在する。 （筑波大）

解き方

$^{16}O = {}^{16}O$　　$^{17}O = {}^{17}O$　　$^{18}O = {}^{18}O$

$^{16}O = {}^{17}O$　　$^{17}O = {}^{18}O$

$^{16}O = {}^{18}O$　　　　の 6 種類

(1) 同位体 [[別] アイソトープ]
(2) 6

3 ★★★

天然に存在する水素原子のほとんどは，原子核が [1 ★★] 個の [2 ★★★] だけから構成されている ^{1}H（"軽水素"）である。一方，わずかではあるが原子核が [3 ★★] 個の [2 ★★★] と [4 ★★] 個の [5 ★★★] からなる同位体 ^{2}H（"重水素"）が存在する。また，その他の同位体として，原子核が [6 ★★] 個の [2 ★★★] と [7 ★★] 個の [5 ★★★] からなる ^{3}H（"三重水素"）もあるが，この同位体の存在比は極めて小さく，放射性で，半減期 12 年で [8 ★★] を放出して ^{3}He へ壊変する。 （お茶の水女子大）

〈解説〉^{2}H はジュウテリウム(D)，^{3}H はトリチウム(T)ともいう。

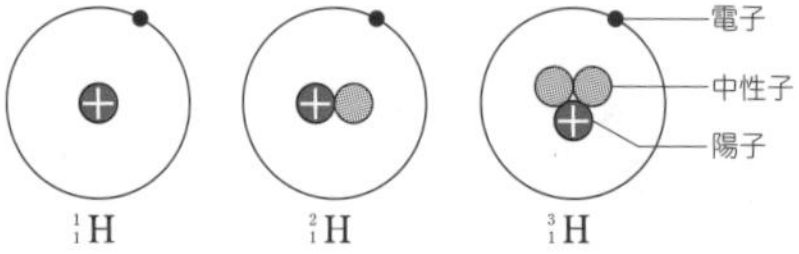
電子
中性子
陽子
$^{1}_{1}H$
$^{2}_{1}H$
$^{3}_{1}H$

(1) 1
(2) 陽子
(3) 1
(4) 1
(5) 中性子
(6) 1
(7) 2
(8) 放射線 [[別] β 線，電子]

発展 □**4**
★

2種類の水素原子(^{1}H，^{2}H)と3種類の酸素原子(^{16}O，^{17}O，^{18}O)との組合せにより，$\boxed{1 \star}$ 種類の分子量の異なる水が生成しうる。

(東京農工大)

(1) 9

解き方

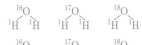

$\begin{matrix} & ^{16}O & \\ ^1H & & ^1H \end{matrix}$ $\begin{matrix} & ^{17}O & \\ ^1H & & ^1H \end{matrix}$ $\begin{matrix} & ^{18}O & \\ ^1H & & ^1H \end{matrix}$

$\begin{matrix} & ^{16}O & \\ ^1H & & ^2H \end{matrix}$ $\begin{matrix} & ^{17}O & \\ ^1H & & ^2H \end{matrix}$ $\begin{matrix} & ^{18}O & \\ ^1H & & ^2H \end{matrix}$

$\begin{matrix} & ^{16}O & \\ ^2H & & ^2H \end{matrix}$ $\begin{matrix} & ^{17}O & \\ ^2H & & ^2H \end{matrix}$ $\begin{matrix} & ^{18}O & \\ ^2H & & ^2H \end{matrix}$ の9種類

発展 □**5**
★

^{35}Cl および ^{37}Cl の天然存在比がそれぞれ75%および25%とすると，異なる分子量を持つ塩素分子は $\boxed{1 \star}$ 種類できる。また，その中で最も小さい分子量を持つ塩素分子は，塩素分子全体の $\boxed{2 \star}$ %(整数)になる。

(金沢大)

(1) 3
(2) 56

解き方

^{35}Cl $-$ ^{35}Cl　　^{35}Cl $-$ ^{37}Cl　　^{37}Cl $-$ ^{37}Cl　の3種類
(分子量が最も小さい)

となり，その存在比はそれぞれ

^{35}Cl $-$ ^{35}Cl は，$\dfrac{75}{100} \times \dfrac{75}{100} \times 100 = 56.25 \fallingdotseq 56\%$

^{35}Cl $-$ ^{37}Cl は，$\dfrac{75}{100} \times \dfrac{25}{100} \times \underset{\uparrow}{2} \times 100 = 37.5\%$

$\left(\begin{array}{l}\text{質量数の総和が72になる Cl}_2\text{分子の存在比は，}\\ ^{35}\text{Cl}-^{37}\text{Cl と} ^{37}\text{Cl}-^{35}\text{Cl の2通りを考える点に注意する}\end{array}\right)$

^{37}Cl $-$ ^{37}Cl は，$\dfrac{25}{100} \times \dfrac{25}{100} \times 100 = 6.25\%$

になる。

3 放射性同位体

▼ **ANSWER**

□1
★★
陽子の数が同じで中性子の数が異なる原子どうしを互いに 1 *** という。 1 *** の中には不安定で 2 * を出し，別の元素に変化していくものがある。それらを 3 * という。 2 * を出す性質は 4 * とよぶ。 3 * の固有のこわれる速さを利用して，遺跡などの 5 * を決定できる。(北海道大)

(1) 同位体 [㊙アイソトープ]
(2) 放射線
(3) 放射性同位体 [㊙ラジオアイソトープ]
(4) 放射能
(5) 年代

〈解説〉粒子の流れ(α線，β線)や高エネルギーの電磁波(γ線)を放射線とよぶ。

□2
★
原子がその原子核からα線 (He の原子核) を放出すると，質量数は 1 * 小さくなり，原子番号は 2 * 小さくなる。 (明治大)

(1) 4
(2) 2

〈解説〉

$^4_2$He の原子核が放出される。

質量数は 4 減少する

(例) $^{226}_{88}$Ra ――→ $^{222}_{86}$Rn ＋α線 （α壊変）
ラジウム原子　　ラドン原子　　($^4_2$He の原子核)

原子番号は 2 減少する

□3
★★
原子がその原子核からβ線 (電子) を放出すると，質量数は変わらず原子番号は 1 ** 大きくなる。 (明治大)

(1) 1

〈解説〉

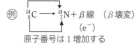

β線：高速の電子 e$^-$ の流れ
中性子 1 個が陽子 1 個と電子 e$^-$ (β線)1 個に変わる変化が起こる。

質量数は変わらない

(例) $^{14}_6$C ――→ $^{14}_7$N＋β線 （β壊変）
(e$^-$)

原子番号は 1 増加する

発展 □4
★
γ線は光や X 線と同様に， 1 * の一種である。 (明治大)

(1) 電磁波

〈解説〉γ線は高エネルギーの電磁波(光の一種)。
γ線が放出されても，原子番号や質量数は変わらない。

□[5] ★★★ 原子番号が等しく，質量数の異なるものを互いに [1★★★] という。この中には放射能をもち，放射線を出して他の原子に変わる [2★★] がある。[2★★] について，他の原子への変化（放射壊変）の仕方は図のように規則的であり，ある原子に対して，一定時間の間に元の原子の数の半分が他の原子に変わる。この時間を半減期という。半減期は原子核の種類によって決まっている。 （関西学院大）

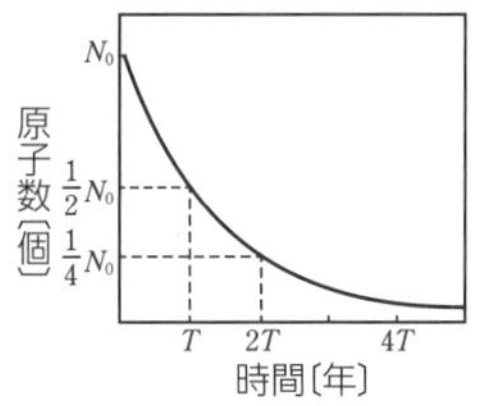

原子の放射壊変と時間の関係

〈解説〉放射線を放出して，他の原子に変わることを壊変または崩壊という。半減期の例：$^{3}_{1}$H 約 12 年，$^{14}_{6}$C 約 5700 年

(1) 同位体［[別]アイソトープ］
(2) 放射性同位体［[別]ラジオアイソトープ］

□[6] ★★ ^{14}C は宇宙からの放射線によって大気中で生成される。また ^{14}C は不安定な原子であり，放射線を出して別の元素の原子に変化する。大気中では，^{14}C が生じる量と壊れる量が釣りあっているため，大気中には ^{14}C は一定の割合で存在する。生きている植物中での ^{14}C の割合は，[1★★]。しかし，植物が枯れると外界からの ^{14}C の取り込みがなくなるため，^{14}C の割合は [2★★]。

（岐阜大）

〈解説〉放射性同位体は，遺跡などの年代測定や医療分野などで利用されている。

(1) 一定である
(2) 減少する

□[7] ★ 質量数 14 の炭素原子は放射線を放出すると [1★] が 1 個減り，[2★] が 1 個増えることによって別の元素である [3★] となる。 （防衛大）

〈解説〉$^{14}_{6}$C ⟶ $^{14}_{7}$N + β 線
（e^-）

(1) 中性子
(2) 陽子
(3) $^{14}_{7}$N

応用 ☐**8** **★★★**

 の中には，原子核が不安定で，放射線を出して他の原子に壊変する放射性 1★★★ がある。$^{14}_{6}C$ はその一つであり，次式のように放射線（電子）を出して安定な 2★★ の原子核に変わる。

$$^{14}_{6}C \longrightarrow {}^{14}_{7}\boxed{2 ★★} + e^-$$

放射性 1★★★ が壊変する速さは，1★★★ ごとに固有の値をとる。壊変によって放射性 1★★★ が元の量の半分の量になる時間を 3★★ と呼ぶ。$^{14}_{6}C$ の 3★★ は 5730 年である。 （東京女子大）

(1) 同位体（どういたい）
(2) N
(3) 半減期（はんげんき）

応用 ☐**9** **★**

^{14}C 原子の半減期（崩壊して元の原子の数の半分になる時間）は 5700 年である。^{14}C 原子の割合が元の $\frac{1}{8}$ になったときには 1★ 年経過している。 （明治大）

(1) 17100

〈解説〉^{14}C の割合：$1 \xrightarrow{5700年} \frac{1}{2} \xrightarrow{5700年} \frac{1}{4} \xrightarrow{5700年} \frac{1}{8}$
　　　よって，$5700 \times 3 = 17100$ 年経過している。

応用 ☐**10** **★**

$^{14}_{6}C$ は放射性同位体であり，原子核内の中性子 1 個が陽子になり，β 線を放射して 1★ に変化する。この性質を利用して，$^{14}_{6}C$ は考古学で年代測定に用いられている。$^{14}_{6}C$ の半減期は 5700 であり，11400 年経つとその量ははじめの 2★ 倍となる。 （早稲田大）

(1) $^{14}_{7}N$
(2) $\frac{1}{4}$ [例0.25]

〈解説〉$^{14}_{6}C \longrightarrow {}^{14}_{7}N + \beta$ 線
　　　　　　　　　　　　（e^-）

$^{14}_{6}C$ の割合：$1 \xrightarrow{5700年} \frac{1}{2} \xrightarrow{5700年} \frac{1}{4} \xrightarrow{5700年} \frac{1}{8} \cdots\cdots$
よって，$5700 \times 2 = 11400$ 年経つとその量ははじめの $\frac{1}{4}$ 倍となる。

☐**11** **★**

1 個のニホニウム Nh は，亜鉛 $^{70}_{30}Zn$ とビスマス $^{209}_{83}Bi$ の原子核を 1 個ずつ衝突させ，含まれている陽子数と中性子数は変わらずに 1 個の原子核にした後，中性子が 1 つ放出されることで合成される。合成されたニホニウムの陽子数は 1★ ，中性子数は 2★ になる。 （北海道大）

(1) 113
(2) 165

〈解説〉

原子番号＝陽子数＝ $30 + 83 = 113$，中性子数＝ $(70 - 30) + (209 - 83) \underset{\text{放出}}{- 1} = 165$，
質量数＝ $113 + 165 = 278$ となり，$^{278}_{113}$Nh と表せる。

4 電子配置

▼**ANSWER**

□**1**
★★★
原子核のまわりの電子は，いくつかの層に分かれて存在している。この層を $\boxed{1 ★★★}$ という。　　　(新潟大)

(1) 電子殻(でんしかく)

□**2**
★★★
電子殻は原子核に近い内側から順に $\boxed{1 ★★★}$ 殻，$\boxed{2 ★★★}$ 殻，$\boxed{3 ★★★}$ 殻などとよばれる。　　　(法政大)

(1) K

(2) L

(3) M

□**3**
★★
電子殻は原子核に近いものから順に，K殻，L殻，M殻，N殻と呼ばれている。それぞれの電子殻に収容できる電子の最大数は，原子核に近いものから順に，$\boxed{1 ★★}$，$\boxed{2 ★★}$，$\boxed{3 ★★}$，$\boxed{4 ★★}$ である。
(札幌医科大)

(1) 2

(2) 8

(3) 18

(4) 32

□**4**
★★
n 番目の電子殻に入ることのできる電子の最大数は自然数 n を用いて表すと $\boxed{1 ★★}$ 個となる。(横浜国立大)

(1) $2n^2$

□**5**
★★★
原子では，原子核の電荷が大きいほど，また内側の $\boxed{1 ★★★}$ にある電子ほど原子核に強く引きつけられ，エネルギーの低い安定な状態になる。このため，電子は原則的に内側の $\boxed{2 ★★★}$ 殻から順に外側の $\boxed{1 ★★★}$ へと配置される。このような電子の配列のしかたを，原子の $\boxed{3 ★★}$ という。　　　(新潟大)

(1) 電子殻(でんしかく)

(2) K

(3) 電子配置(でんしはいち)

□**6**
★★
原子では原子核にいちばん近いK殻から電子が入り，K殻に電子が1個入った原子の元素名は $\boxed{1 ★★}$，2個入れば $\boxed{2 ★★}$ である。K殻がいっぱいになるとL殻に電子が入りL殻に1個の電子が入ると $\boxed{3 ★★}$ となる。L殻がいっぱいになった原子は $\boxed{4 ★★}$ であり，$\boxed{4 ★★}$ に存在する電子の総数は $\boxed{5 ★}$ 個である。L殻がいっぱいになるとM殻に電子が入り，M殻に2個電子が入った原子は $\boxed{6 ★★}$ である。アルゴンのM殻の電子数は $\boxed{7 ★★}$ 個であり，M殻はまだ満たされていない。　　　(日本女子大)

(1) 水素(すいそ)

(2) ヘリウム

(3) リチウム

(4) ネオン

(5) 10

(6) マグネシウム

(7) 8

〈解説〉 $_{10}$Ne　K(2)L(8)
$\quad$ $_{12}$Mg　K(2)L(8)M(2)
$\quad$ $_{18}$Ar　K(2)L(8)M(8)

□7 電子殻が収容可能な最大数の電子で満たされていると
★★　き，その電子殻を □1★★ という。最外殻が □1★★
になった原子は安定である。　　　　　　　（横浜国立大）

(1) 閉殻

□8 原子が他の原子と結合するとき，特に重要な役割を果
★★★　たす最外殻電子を □1★★★ という。　　　　（広島大）

(1) 価電子

□9 最外殻が閉殻のものや，もしくは最外殻が8個の電子
★★★　配置をもつものは □1★★★ とよばれ，その電子配置は
特に安定である。　　　　　　　　　　　　（弘前大）

(1) 貴ガス（元素）

〈解説〉$_2$He の最外殻電子は2個。

□10 原子の最も外側の □1★★★ を最外殻という。イオンに
★★★　なったり，結合を形成したりするのに重要な働きをす
る電子は □2★★★ とよばれる。貴ガスの原子を除き，
最外殻に入っている電子が □2★★★ である。最外殻が
閉殻になっているヘリウム He やネオン Ne，最外殻
に □3★★ 個の電子が入っているアルゴン Ar などの
貴ガスの原子は，その電子配置が安定していて，イオ
ンになったり，他の原子と結合したりすることがまれ
である。このため，□2★★★ の数は □4★★ 個とする。
　　　　　　　　　　　　　　　　　　　　（群馬大）

(1) 電子殻
(2) 価電子
(3) 8
(4) 0

〈解説〉原子番号と価電子の数の関係

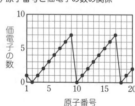

□11 炭素原子の最も外側の電子殻である □1★ 殻には，
★★　□2★ 個の電子が入っている。この最外殻電子は
□3★★★ とよばれ，原子がイオンになったり他の原子
と結びつくときに重要なはたらきをする。炭素と
□3★★★ 数が同じである □4★ 族元素のうち，最も
原子番号が近いのはケイ素である。　　　　（岡山大）

(1) L
(2) 4
(3) 価電子
(4) 同 [⇒14]

〈解説〉$_6$C　K(2)L(4)
　　　$_{14}$Si　K(2)L(8)M(4)

□ **12**
★★
Al の全電子数は $\boxed{1 \star\star}$ 個であり，内側の電子殻にある電子ほど原子核からの強い引力を受けてエネルギーが低く，安定な状態となっている。Al では最も外側の層（最外殻）である $\boxed{2 \star}$ 殻に電子が $\boxed{3 \star}$ 個存在する。

(岡山大)

(1) 13
(2) M
(3) 3

〈解説〉$_{13}$Al　$K(2)L(8)M(3)$

原子の電子配置

元素名	原子	電子殻				元素名	原子	電子殻			
		K	L	M	N			K	L	M	N
水素	$_1$H	1				ナトリウム	$_{11}$Na	2	8	1	
ヘリウム	$_2$He	2				マグネシウム	$_{12}$Mg	2	8	2	
リチウム	$_3$Li	2	1			アルミニウム	$_{13}$Al	2	8	3	
ベリリウム	$_4$Be	2	2			ケイ素	$_{14}$Si	2	8	4	
ホウ素	$_5$B	2	3			リン	$_{15}$P	2	8	5	
炭素	$_6$C	2	4			硫黄	$_{16}$S	2	8	6	
窒素	$_7$N	2	5			塩素	$_{17}$Cl	2	8	7	
酸素	$_8$O	2	6			アルゴン	$_{18}$Ar	2	8	8	
フッ素	$_9$F	2	7			カリウム	$_{19}$K	2	8	8	1
ネオン	$_{10}$Ne	2	8			カルシウム	$_{20}$Ca	2	8	8	2

□ **13**
★★★
電子配置を原子番号順に見ていくと，K 殻に最初の電子が入るのは H，L 殻に最初の電子が入るのは $\boxed{1 \star\star}$，M 殻に最初の電子が入るのは $\boxed{2 \star\star}$ である。また，N 殻に最初の電子が入るのは $\boxed{3 \star\star}$ であるが，この段階で M 殻は満たされていない。Sc から再び M 殻に電子が入り Cu で完全に満たされる。各原子における最も外側の電子殻を最外殻と呼び，そこに収容される電子を最外殻電子と呼ぶ。例えば $\boxed{4 \star\star}$ は最外殻が L 殻で最外殻電子の数が3個である。また，Cl は最外殻が M 殻で最外殻電子の数が $\boxed{5 \star\star}$ 個である。

(鹿児島大)

(1) リチウム Li
(2) ナトリウム Na
(3) カリウム K
(4) ホウ素 B
(5) 7

〈解説〉$_{21}$Sc　$K(2)L(8)M(9)N(2)$
　　　$_{29}$Cu　$K(2)L(8)M(18)N(1)$
　　　$K(2)L(3) \Rightarrow {}_5$B，$_{17}$Cl　$K(2)L(8)M(7)$

5 イオン

▼ANSWER

□1 ★★★ 原子は電子を失ったり受け取ったりして [1★★★] となる。 (岩手大)

(1) イオン

□2 ★★★ 電気的に中性である原子が電子を失うと [1★★★] イオン，電子を受け取ると [2★★★] イオンになる。 (東北大)

(1) 陽(よう)
(2) 陰(いん)

□3 ★★ 原子がイオンになるとき放出したり受け取ったりする電子の数を，イオンの [1★★] という。 (センター)

(1) 価数(かすう)

□4 ★★ ナトリウムイオンでは，ナトリウム原子の最外殻の [1★] 殻にある価電子 [2★] 個が離れ，貴ガス元素である [3★★] と同じ電子配置をとるので，このイオンは安定に存在する。一方，塩化物イオンでは，塩素原子の最外殻にある価電子 [4★] 個にさらに電子が1個加わり，貴ガス元素である [5★] と同じ電子配置をとるので，このイオンは安定に存在する。 (鳥取大)

(1) M
(2) 1
(3) ネオン Ne
(4) 7
(5) アルゴン Ar

□5 ★★ 典型元素のイオンは，原子番号が最も近い [1★★] 族の原子と同じ電子配置を取る傾向がある。例えば，Ca は [2★] 個の価電子を放出し，[3★★] と同じ電子配置のイオンになる。 (群馬大)

(1) 18
(2) 2
(3) アルゴン Ar
[[別]貴(き)ガス]

□6 ★★ イオンには，1個の原子からなる [1★★] イオンや，2個以上の原子団からなる [2★★] イオンがある。 (北見工業大)

(1) 単原子(たんげんし)
(2) 多原子(たげんし)

□7 ★★ 原子が陰イオンになると，イオン半径は元の原子の半径よりも [1★★] くなる。原子が陽イオンになると，イオン半径は元の原子の半径よりも [2★★] くなる。また，例えば +2 価の鉄イオンが酸化されて +3 価になると，イオン半径は [3★★] くなる。 (札幌医科大)

(1) 大(おお)き
(2) 小(ちい)さ
(3) 小(ちい)さ

〈解説〉

[例]

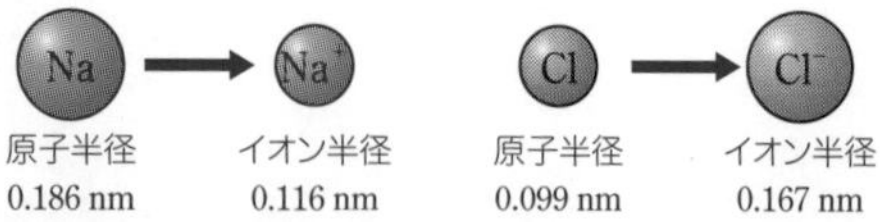
Na
Na^+
Cl
Cl^-
原子半径
0.186 nm
イオン半径
0.116 nm
原子半径
0.099 nm
イオン半径
0.167 nm

□ **8**
★★★

5種類のイオン Al^{3+}，F^-，Mg^{2+}，Na^+，O^{2-} はすべて同じ電子配置を持つ。これらと同じ電子配置を持つ原子は 1★★ である。同じ電子配置を持つイオンでは，2★★★ の 3★★ の電荷が大きいほど周りの 4★★★ が 2★★★ に，より強く引き付けられるため，イオン半径の大小関係は 5★★ になる。（明治大）

(1) ネオン Ne
(2) 原子核
(3) 正
(4) 電子
(5) $O^{2-} > F^- > Na^+ > Mg^{2+} > Al^{3+}$

解き方

同じ電子配置をとるイオン（$_8O^{2-}$，$_9F^-$，$_{11}Na^+$，$_{12}Mg^{2+}$，$_{13}Al^{3+}$）では，
　　　　　　　　　　⟶ $_{10}$Ne　K(2)L(8)と同じ電子配置
原子番号が大きくなると陽子の数が増えていくので，原子核と電子の間の引力が大きくなり，その半径は小さくなる。

□ **9**
★

電子数 18，陽子数 16，中性子数 16 のイオンの化学式は 1★ で質量数は 2★ である。　　（岩手大）

(1) S^{2-}
(2) 32

解き方

陽子数＝原子番号＝16　原子番号 16 は S であり，電子数が陽子数よりも 2 個多いので，2 価の陰イオンとわかる。
質量数＝陽子数＋中性子数＝16 ＋ 16 ＝ 32 となる。

□ **10**
★★

ナトリウム原子が 1 価の陽イオンになると電子数は 1★★ になる。　　（東京女子大）

(1) 10 (個)

〈解説〉$_{11}$Na　K(2)L(8)M(1) ⟶ $_{11}$Na$^+$　K(2)L(8)

□ **11**
★

原子番号 a，質量数 b である原子の陽イオンがある。この陽イオンの価数を c とするとき，この陽イオン1個に含まれる陽子の数は 1★ ，中性子の数は 2★ ，電子の数は 3★ になる。　　（群馬大）

(1) a
(2) $b - a$
(3) $a - c$

〈解説〉陽イオンは，原子が電子を失ったもの。

□ **12**
★

次の多原子イオンの中で，陽子の数が最も少ないものは 1★ である。
① CO_3^{2-}　② NO_3^-　③ SO_4^{2-}　④ OH^-　（北海道工業大）

(1) ④

解き方

陽子の数＝原子番号なので，$_1$H は 1，$_6$C は 6，$_7$N は 7，$_8$O は 8，$_{16}$S は 16 となる。
よって，①　$6 + 8 \times 3 = 30$　　②　$7 + 8 \times 3 = 31$
　　　　③　$16 + 8 \times 4 = 48$　　④　$8 + 1 = 9$

6 イオン結合とイオン結晶

▼ANSWER

□1 ★★★ ナトリウム Na と塩素 Cl_2 が反応すると塩化ナトリウムが生成する。この反応では，ナトリウム原子は電子を放出，一方，塩素原子はこの電子を取り込んでイオン化し，両イオンは [1★★★] により結合する。このようなイオン間の結合は [2★★★] 結合とよばれる。 (東京理科大)

〈解説〉

Na
＋
Cl
⇨
Na⁺ [:Cl:]⁻

(1) 静電気力（せいでんきりょく） [㊐クーロン力（りょく）]
(2) イオン

□2 ★★★ 化学結合は，原子やイオンが集まって分子や結晶をつくるときに生じる原子やイオンの結びつきのことである。 [1★★★] 結合は，陽イオンと陰イオンが静電気的な引力で結びついた結合をいう。 (千葉大)

(1) イオン

□3 ★★ イオン結晶の代表的なものに，塩化ナトリウムがある。塩化ナトリウムの結晶中の各イオンの電子数は，ナトリウムイオンでは [1★★] 個であり，塩化物イオンでは [2★★] 個である。 (島根大)

〈解説〉 $_{11}Na$ K(2)L(8)M(1) ⟶ $_{11}Na^+$ K(2)L(8)
$_{17}Cl$ K(2)L(8)M(7) ⟶ $_{17}Cl^-$ K(2)L(8)M(8)

(1) 10
(2) 18

□4 ★★★ イオン結晶は，イオン間の結合力が強いので，一般に融点の [1★★★] ものが多い。また，結晶では電気を通さないが， [2★★] すると電気を通す。 (金沢大)

(1) 高（たか）い
(2) 融解（ゆうかい） [㊐溶解（ようかい）]

□5 ★★ 多数の陽イオンと陰イオンが結合してできた結晶をイオン結晶といい，融点が [1★★] く， [2★★] いが強くたたくと割れやすい。 (東京理科大)

〈解説〉外からの大きな力で特定の面にそって割れる（➡へき開）ので，もろい。

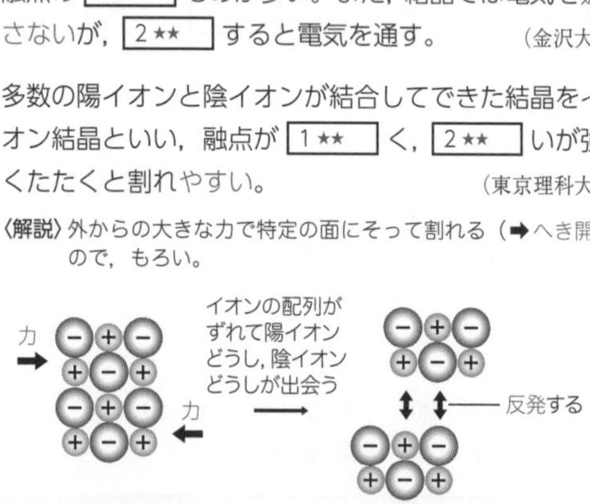
力
イオンの配列がずれて陽イオンどうし，陰イオンどうしが出会う
力
反発する

(1) 高（たか）
(2) 硬（かた）

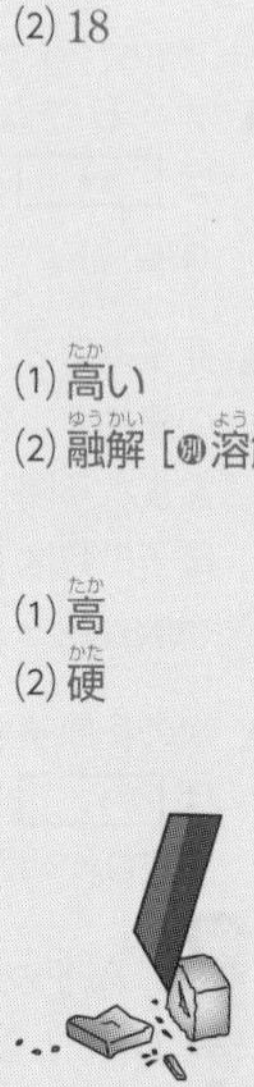

□**6** 塩化ナトリウムの結晶は電気伝導性が $\boxed{1\,\text{★★★}}$ 。　　(1) ない
★★★
(法政大)

□**7** 塩化ナトリウムの結晶は $\boxed{1\,\text{★★★}}$ であり，電気を通さ　(1) **イオン**結晶
★★★
ないが，これを水に溶かしたり，$\boxed{2\,\text{★★}}$ することに　(2) 融解
よって電気を通すようになる。　　(東京都市大)

□**8** 臭化リチウムの水溶液は電気を通す。これは，臭化リ　(1) **リチウム** Li$^+$
★★
チウムが水溶液中では陽イオンである $\boxed{1\,\text{★}}$ イオ　(2) **臭化物** Br$^-$
ンと，陰イオンである $\boxed{2\,\text{★}}$ イオンとに分かれるた　(3) 電離
めである。物質が水に溶けてイオンに分かれる現象　(4) 電解質
を $\boxed{3\,\text{★★}}$ といい，このような物質を $\boxed{4\,\text{★★}}$ という。
(新潟大)

〈解説〉臭化リチウム LiBr：$LiBr \longrightarrow Li^+ + Br^-$（電離）
スクロース（ショ糖）$C_{12}H_{22}O_{11}$ のように水に溶けても電離
しない物質を，非電解質という。

□**9** イオン結晶は結晶全体として電気的に $\boxed{1\,\text{★}}$ であ　(1) 中性
★
る。　　(東海大)

〈解説〉陽イオンのもつ電気量の大きさと陰イオンのもつ電気量の
大きさが等しくなるように，陽イオンと陰イオンの個数の比
率が決まる。

□**10** Mg^{2+}, Al^{3+}, F^-, O^{2-}は，すべて $\boxed{1\,\text{★★}}$ 原子と同　(1) ネオン Ne
★★
じ電子配置である。これらのイオンのうち，Al^{3+} と O^{2-}　(2) Al_2O_3
からなるイオン結晶の組成式は $\boxed{2\,\text{★★}}$ である。
(東京都市大)

解き方　X^{m+}とY^{n-}の組成式は X_nY_m となるので，Al^{3+}とO^{2-}の場合は Al_2O_3
となる。
ただし，Ca^{2+}とO^{2-}であれば，Ca_2O_2 とはせずに最も簡単な整数比で
CaO とする。

□**11** 塩化ナトリウムの化学式は $\boxed{1\,\text{★★★}}$ と書くが，その結　(1) NaCl
★★★
晶では多数の Na$^+$ と Cl$^-$ が交互に配列しているの
で，$\boxed{1\,\text{★★★}}$ 分子が存在するわけではない。

(お茶の水女子大)

□12 陽イオンと陰イオンとが規則正しく配列してできた結晶を 1 ★★★ といい，隣接するイオン間の結合を 2 ★★★ という。 1 ★★★ 中，陽イオンと陰イオンとの間には 3 ★★★ という力がはたらき，互いに引きつけられる。 3 ★★★ は，陽イオンと陰イオンの電荷の 4 ★ の絶対値が 5 ★ ほど強くなり，また両イオン間の距離が 6 ★ ほど強くなる。　　　　(群馬大)

(1) **イオン結晶**
(2) **イオン結合**
(3) **静電気力**
　　[®クーロン力]
(4) **積**
(5) **大きい**
(6) **小さい[®短い]**

〈解説〉イオン結晶の融点は，静電気力
（クーロン力）が強くはたらくほど，高くなる。イオン間にはたらく静電気力は，
①イオンの価数(a, b)の積の絶対値（$| a \times b |$）が大きいほど強くなり，
②イオン間の距離（$r^+ + r^-$）が短いほど強くなる。

□13 ハロゲン単体 (F_2, Cl_2, Br_2, I_2) をナトリウムと反応させて得られるハロゲン化物の融点は 1 ★ が最も低く， 2 ★ ， 3 ★ ， 4 ★ の順に高くなる。　　　　(九州大)

(1) **ヨウ化ナトリウム NaI**
(2) **臭化ナトリウム NaBr**
(3) **塩化ナトリウム NaCl**
(4) **フッ化ナトリウム NaF**

〈解説〉静電気力の強さは，イオン間の距離が短いほど強くなる。

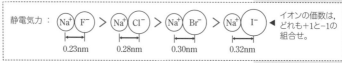

静電気力：Na^+ F^- > Na^+ Cl^- > Na^+ Br^- > Na^+ I^- ◀ イオンの価数は，どれも+1と−1の組合せ。

　　　0.23nm　　　0.28nm　　　0.30nm　　　0.32nm

□14 物体が固体の状態にあり，原子，分子などが規則正しく配列した状態で存在しているものを 1 ★★★ といい，原子，分子などが規則正しく配列していないものを 2 ★ という。　　　　(金沢大)

(1) **結晶**
(2) **アモルファス**
　　[®非晶質，無定形]

7 原子の大きさ・イオン化エネルギー・電子親和力 ▼ANSWER

□ **1**
★★★
横の方向の周期では族の番号がふえるにしたがって，原子核中の 1 ★★★ の数が多くなり，原子核と電子の間の 2 ★★★ による電気的引力が強くなる。その結果，周期表の左から右に行くほど原子半径は一般に 3 ★★ なる。

同じ族の元素では，上から下へ行くほど原子半径は一般に 4 ★★ なる。 （愛媛大）

(1) 陽子

(2) 静電気力
　 [⑩クーロン力]

(3) 小さく[⑩短く]

(4) 大きく[⑩長く]

〈解説〉典型元素の原子半径

	1	2	13	14	15	16	17	18
1	H 0.030							He 0.140
2	Li 0.152	Be 0.111	B 0.081	C 0.077	N 0.074	O 0.074	F 0.072	Ne 0.154
3	Na 0.186	Mg 0.160	Al 0.143	Si 0.117	P 0.110	S 0.104	Cl 0.099	Ar 0.188
4	K 0.231	Ca 0.197	単位：nm $1\text{nm} = 10^{-9}\text{m}$					

□ **2**
★★★
気体状態の原子から 1 ★★ の電子を1個取り去って1価の陽イオンにするのに必要なエネルギーを 2 ★★★ という。 （岐阜大）

(1) 最外殻

(2) (第一)イオン化エネルギー

〈解説〉イオン化エネルギー

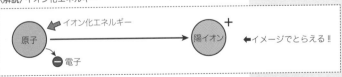

イオン化エネルギー
原子
⊖電子
陽イオン ＋
←イメージでとらえる!!

□ **3**
★★★
一般にイオン化エネルギーが 1 ★★★ 原子ほど 2 ★★★ になりやすい。 （神奈川大）

(1) 小さい

(2) 陽イオン

□ **4** ★★★ 同一周期の元素では，原子番号が [1★★] ほど原子核の電荷が増え，電子を束縛するので [2★★★] が大きくなる傾向にある。同族の元素では，周期が増えるほど [2★★★] は [3★★] なる。（岐阜大）

(1) 大きい
(2) (第一)イオン化エネルギー
(3) 小さく

□ **5** ★★ 図は，原子番号 1 ～ 20 の元素のイオン化エネルギーと原子番号との関係を示したものである。

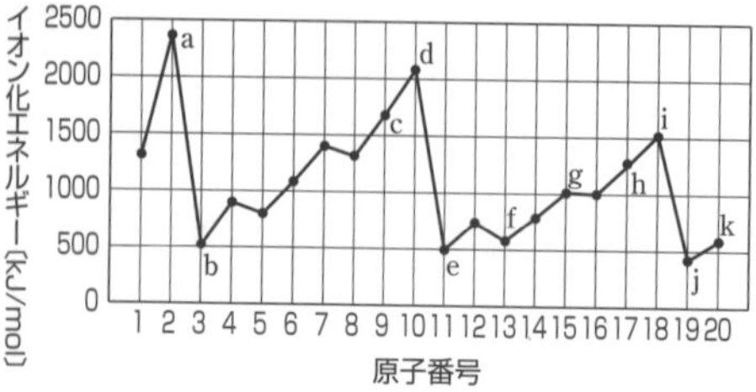

元素 b, e, j は [1★★] 元素に属する。[1★★] の原子は，価電子を [2★] 個もっており，価電子を放出して [2★] 価の陽イオンになりやすい。

元素 a, d, i は [3★★★] 元素に属する。[3★★★] は原子の価電子の数が [4★★] 個であり，化学結合をつくりにくい。（日本女子大）

〈解説〉b は $_{3}$Li，e は $_{11}$Na，j は $_{19}$K。
a は $_{2}$He，d は $_{10}$Ne，i は $_{18}$Ar。

(1) アルカリ金属
(2) 1
(3) 貴ガス
(4) 0

□ **6** ★★ 第1イオン化エネルギーは，同一周期で比較すると [1★★] 族元素で最も小さく，[2★★] 族元素で最も大きい。（岩手大）

(1) 1
(2) 18

□ **7** ★★ 原子番号 20 までの元素のうち，イオン化エネルギーを比べると，最も大きい元素は [1★★★] であり，最も小さい元素は [2★] である。（星薬科大）

(1) ヘリウム He
(2) カリウム K

□ **8** ★★ 同じ周期の 1 族元素の原子と比べると，2 族元素の原子では，原子核の正の電荷が [1★★] し，原子核が最外殻電子を引き付ける力が強くなる。結果，1 族元素の原子と比べて 2 族元素の原子の第一イオン化エネルギーは [2★★] くなり，原子の大きさは [3★★] くなる。（横浜国立大）

(1) 増大[別增加]
(2) 大き[別強]
(3) 小さ

□**9**
★★★
原子が最外殻に電子を受け取って陰イオンになるとき
に放出されるエネルギーを $\boxed{1 \text{★★★}}$ という。 （広島大）

(1) 電子親和力

〈解説〉電子親和力

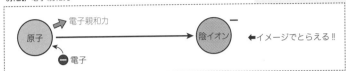

□**10**
★★★
電子親和力は，原子が最外電子殻に1個の電子を受け
取って1価の $\boxed{1 \text{★★★}}$ になるときに放出されるエネ
ルギーであり，一般に電子親和力が $\boxed{2 \text{★★}}$ 原子ほど
$\boxed{1 \text{★★★}}$ になりやすい。 （神奈川大）

(1) 陰イオン
(2) 大きい

□**11**
★★
原子が1個の電子を受け入れて陰イオンになるときに
放出するエネルギーを $\boxed{1 \text{★★★}}$ とよび，その値は周期
表の同一周期では $\boxed{2 \text{★}}$ 族元素で最も大きい。
（岡山大）

(1) 電子親和力
(2) 17

〈解説〉① F, Cl は電子親和力が大きい。
└→ハロゲン

②電子親和力の周期的変化

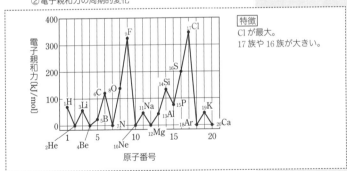

特徴
Cl が最大。
17 族や 16 族が大きい。

□**12**
★★★
原子が電子を受け取るときに放出されるエネルギーを
$\boxed{1 \text{★★★}}$ といい，一般に金属性が弱い元素は $\boxed{1 \text{★★★}}$
が大きく，陰イオンになり $\boxed{2 \text{★★}}$ い。 （名城大）

(1) 電子親和力
(2) やす

第 03 章

分子や原子からできている物質

1 元素の周期表

▼ ANSWER

1 ★★ ロシアの [1★★] は元素を [2★] の順に並べ，性質の似た元素が周期的に現れることを示した。現在の周期表は元素を [3★★★] の順に並べたものである。 （法政大）

(1) メンデレーエフ
(2) 原子量
(3) 原子番号
[[別]陽子の数]

2 ★★ 現在，国際的に用いられている周期表には，第1周期から第 [1★] 周期まで，また，第1族から第 [2★★] 族までである。 （早稲田大）

(1) 7
(2) 18

3 ★★★ 周期表の縦の列を族，横の行を [1★★★] という。周期表では，性質の似た元素が縦に並んでいる。 （琉球大）

(1) 周期

4 ★★★ 同じ族に属する元素群を [1★★★] という。 （甲南大）

(1) 同族元素

5 ★★★ 同族元素の中には，固有の名称でよばれる元素群があり，例えば，水素以外の1族元素を [1★★★]，2族元素を [2★★★]，17族元素を [3★★★]，18族元素を [4★★★] という。 （甲南大）

(1) アルカリ金属
(2) アルカリ土類金属
(3) ハロゲン
(4) 貴ガス

6 ★★★ 元素は，周期表の第 [1★] 周期以降に現れる3～ [2★★] 族の [3★★★] 元素と，残りの [4★★★] 元素に分類することができる。 （滋賀医科大）

〈解説〉12族元素は，遷移元素に含める場合と含めない場合がある。

(1) 4
(2) 12
(3) 遷移
(4) 典型

①周期表

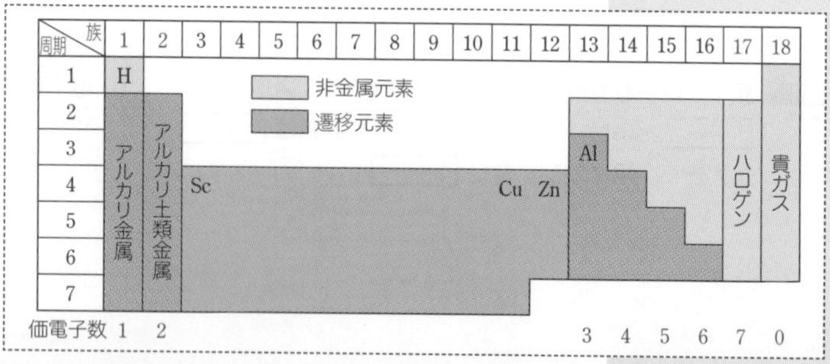

②周期表のゴロ合わせ：原子番号 1 〜 36 までは覚える。

スイ ヘー リー ベイ ボク ノー フ ネ ナナ マガ リ シップ ス クラー ク カ
H He Li Be B C N O F Ne Na Mg Al Si P S Cl Ar K Ca
スカ チ バ クロー マン テツ コ ニ ドウ 鉛ん ガ グ 明日 セ ブロ クリ
Sc Ti V Cr Mn Fe Co Ni Cu Zn Ga Ge As Se Br Kr

□**7** 元素は，[1 ★★★] 元素と [2 ★★★] 元素に大別できる。
★★★ [1 ★★★] 元素には [3 ★★] 元素と非金属元素があるが，[2 ★★★] 元素はすべて [3 ★★] 元素である。
　[1 ★★★] 元素の同族元素どうしは化学的性質が似ている。一方 [2 ★★★] 元素では，周期表で隣り合った元素どうしの性質が似ている場合が多い。　(防衛大)

(1) 典型
(2) 遷移
(3) 金属

□**8** [1 ★★★] 元素では，原子番号の増加とともに最外殻電子の数が規則的に変化するため，周期表中の [2 ★★] の元素がよく似た性質を示す。一方，[3 ★★★] 元素では，原子番号が増加しても最外殻電子の数はほとんど変わらず，[4 ★] 個または [5 ★] 個((4)(5)順不同)である。　(法政大)

(1) 典型
(2) 同族
(3) 遷移
(4) 2
(5) 1

□**9** 第 4 周期の 3 族から 12 族までの遷移元素は，すべて金属元素であり，その単体の融点，沸点は典型元素の金属に比べて [1 ★★] ものが多い。　(東邦大)

(1) 高い

発展 □**10** 第 3 周期 13 族の [1 ★★]，第 4 周期 12 族の [2 ★]，14 族のスズ，鉛などの金属元素の単体は，酸および強塩基の水溶液と反応して水素を発生する。このような金属を [3 ★★] 金属という。　(日本女子大)
〈解説〉両性金属：Al(あ)，Zn(あ)，Sn(すん)，Pb(なり) など

(1) アルミニウム Al
(2) 亜鉛 Zn
(3) 両性

□**11** 18 族の元素は，常温・常圧ですべて無色の単原子分子の気体であり，[1 ★★★] とよばれる。[1 ★★★] は，最外殻電子の数が，ヘリウムでは [2 ★★] 個，他の同族元素ではすべて [3 ★★] 個であり，反応性に乏しい。　(防衛大)

(1) 貴ガス
(2) 2
(3) 8

45

2 共有結合・構造式 ▼ANSWER

□1 ★★ 原子の最外殻電子のみに着目し，それを元素記号のまわりに「・」で示したものを [1★★] という。(奈良女子大)

(1) 電子式（でんししき）

〈解説〉最外殻電子が2個(価電子0個)の He は He: と表す。

電子式	Li·	·Be·	·B·	·C·	·N·	·O·	·F:	:Ne:
最外殻電子	1	2	3	4	5	6	7	8
価電子	1	2	3	4	5	6	7	0
不対電子	1	2	3	4	3	2	1	0

□2 ★★ 酸素原子は最外殻の [1★★] つの電子の内 [2★★] つが不対電子で，残りは電子対を形成している。(熊本大)

(1) 6
(2) 2

□3 ★★★ [1★★★] 結合は，非金属元素の原子同士が価電子を出しあってできる。(千葉大)

(1) 共有（きょうゆう）

□4 ★★★ 最外殻電子は [1★★★] とよばれ，2個で1組の対をつくっているものと，単独で存在するものがあり，それぞれ電子対および不対電子とよばれる。不対電子は通常 [2★★] 結合に関与し，2原子間で1個ずつ電子を出し合い電子対を形成し安定化する。(東京理科大)

(1) 価電子（かでんし）
(2) 共有（きょうゆう）

□5 ★★★ 塩素分子ができるときには，両方の塩素原子が電子を [1★★] 個ずつ出し合い [2★★★] することで，[2★★★] 結合が形成される。このとき，塩素分子内の塩素原子は，[3★★] 原子と同じ電子配置となる。(弘前大)

(1) 1
(2) 共有（きょうゆう）
(3) アルゴン Ar
[別] 貴（き）ガス]

〈解説〉

:Cl· ＋ ·Cl: ⟶ :Cl:Cl:

□6 ★★★ 水分子では，酸素原子の [1★★] 個の [2★★★] のうち2個が，それぞれ2つの水素原子との共有結合に使われる。このとき，酸素原子は [3★★] 原子と同じ電子配置となる。(金沢大)

(1) 6
(2) 価電子（かでんし）
[別] 最外殻電子（さいがいかくでんし）]
(3) ネオン Ne
[別] 貴（き）ガス]

〈解説〉

H· ＋ ·O· ＋ ·H ⟶ H:O:H ─ヘリウム He 原子と同じ電子配置

共有電子対　非共有電子対　ネオン Ne 原子と同じ電子配置

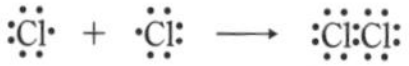

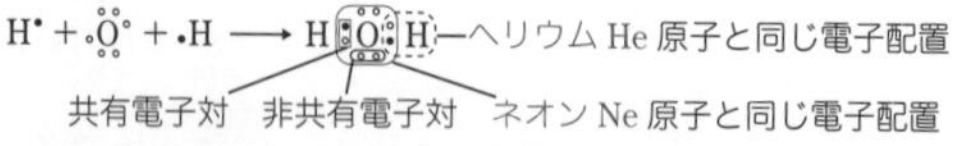

□**7** 電子対には，| 1 *** | 結合を形成する | 1 *** | 電子対
★★★ と，| 1 *** | 結合を形成していない | 2 *** | 電子対の
2 種類がある。　　　　　　　　　　　　　　　　(京都大)

(1) 共有
(2) 非共有[＠孤立]

□**8** 図の電子式に示すように，
★★ 水分子には 2 組の共有電子
対と 2 組の非共有電子対が
ある。共有結合には，2 個の

	単結合
H:Ö:H	H—O—H
電子式	構造式
水分子の電子式と構造式	

電子を共有する単結合の他
に，二酸化炭素分子中の炭素－酸素原子間結合のよう
に | 1 * | 個の電子を共有する二重結合，窒素分子中
の窒素－窒素原子間結合のように | 2 * | 個の電子を
共有する | 3 ** | 重結合がある。分子を構造式で示す
場合には原子間の結合を共有電子対 1 組 (2 電子) あた
り 1 本の線で表す。　　　　　　　　　　　　(奈良女子大)

(1) 4
(2) 6
(3) 三

〈解説〉

:Ö::C::Ö:	O = C = O ┌二重結合	:N⋮⋮N:	N ≡ N ┌三重結合
電子式	構造式	電子式	構造式

□**9** 元素記号に最外殻電子を点で書き添えたものは電子式
★★ と呼ばれる。電子はなるべく対にならないように軌道
に収容される。対になっていない電子は | 1 ** | 電子
と呼ばれ，その数は | 2 * | に等しい。　(横浜国立大)

(1) 不対
(2) 原子価

□**10** 共有結合に用いられる電子数は各原子でほぼ決まって
★★ おり，原子 1 個あたりの数をその原子の | 1 * | とい
う。この値は窒素原子およびフッ素原子の場合，それ
ぞれ | 2 ** | および | 3 ** | であり，共有結合後の電
子配置は，いずれも | 4 ** | 原子と同一となる。
　　　　　　　　　　　　　　　　　　　　　　(東京理科大)

(1) 原子価
(2) 3
(3) 1
(4) ネオン Ne
[＠貴ガス]

〈解説〉構造式中の共有結合を表す線を価標ということがある。
1 つの原子から出ている線の本数＝原子価

　　·N̈· ⟶ −N−　　:F̈· ⟶ F−
　　　　　 |
　　　原子価 3　　　　原子価 1

□**11** 原子が最大何個の水素原子と共有結合できるかを示し
★ た数をその原子の | 1 * | という。　　　(北見工業大)

(1) 原子価

〈解説〉このように覚えておくとわかりやすい。

3 分子からなる物質

▼ ANSWER

□**1** 原子が結合してできた粒子を | 1 ★★★ | という。

(明治大)

(1) 分子

□**2** 分子は,構成原子の数により,| 1 ★★ | 分子 (構成原子数1個),| 2 ★★ | 分子 (構成原子数2個) および | 3 ★★ | 分子 (構成原子数3個以上) とよばれる。 (北見工業大)

(1) 単原子
(2) 二原子
(3) 多原子

〈解説〉

He	H H	O C O
単原子分子	二原子分子	三原子分子(多原子分子)

□**3** 4組の非共有電子対をもつものは | 1 ★★ | である。

① H_2 ② CH_4 ③ H_2O ④ N_2 ⑤ CO_2 ⑥ Cl_2

(センター)

(1) ⑤

〈解説〉 ⬜ が共有電子対, ⬭ が非共有電子対

□**4** 水分子中の酸素原子には,結合に関与しない電子の組が | 1 ★★ | 組あり,水分子は | 2 ★★★ | 形となる。

(北海道大)

(1) 2
(2) 折れ線
 〔働 V 字〕

〈解説〉 H:Ö:H
⬭は結合に関与しない
電子の組

　　　O
　　H　　H
　水分子の形

下に示す分子の形は覚えておく。

Hが Cl に置き換わっただけ

Cl−Cl	O=C=O	H−C(−H)(−H)H メタン	Cl−C(−Cl)(−Cl)Cl 四塩化炭素	H−C≡C−H	F−B(−F)F 三フッ化ホウ素
塩素 (直線形)	二酸化炭素 (直線形)	メタン (正四面体形)	四塩化炭素 (正四面体形)	アセチレン (直線形)	三フッ化ホウ素 (正三角形)
H−Cl	O(−H)(−H)	H−S(−H)	N(−H)(−H)(−H) アンモニア	ベンゼン	H₂C=CH₂ エチレン
塩化水素 (直線形)	水 (折れ線形)	硫化水素 (折れ線形)	アンモニア (三角すい形)	ベンゼン (正六角形)	エチレン (長方形)

□**5** ドライアイスや氷は、それぞれ二酸化炭素や水の $\boxed{1\ \star\star}$
★★ が集合してできた固体であり、CO_2 や H_2O のような
$\boxed{1\ \star\star}$ 式で表す。一方、塩である塩化ナトリウムや
炭酸カルシウムも、$NaCl$ や $CaCO_3$ のように表すが、
これらは物質の $\boxed{2\ \star\star}$ を表現している $\boxed{2\ \star\star}$ 式
である。 (センター)

〈解説〉イオンやイオンからなる化合物は組成式で表現する。

発展 □**6** メタンは 4 つの等しい $C-H$ 結合から成り、$C-H$ 結
★★★ 合どうしの反発により立体的にできるだけ避けあうよ
うに配置した結果として、その立体構造は図 (a) に示
すように正四面体となり、全ての $H-C-H$ 結合の角
度は 109.5° となる。

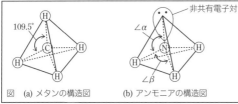

図 (a) メタンの構造図　(b) アンモニアの構造図

　一方アンモニアは 3 つの等しい $N-H$ 結合から成
り、メタンと比較すると、図 (b) に示すようにあたか
も中心原子を炭素から窒素に替えると同時に、メタン
の水素 1 つを非共有電子対に置き換えたかのように描
くことができる。ここで、非共有電子対と共有電子対
の間の反発は、結合を形成する共有電子対どうしの反
発よりも大きいことが一般的に知られている。このこ
とを考慮すると、アンモニアは単にメタンの水素を非
共有電子対に置き換えた形からは歪みを生じる。その
結果として、非共有電子対と $N-H$ 結合の角度である
$\angle\alpha$ は、メタンの結合角 109.5° と比較して $\boxed{1\ \star\star}$ な
り、この強い反発に押しやられる形で $H-N-H$ の角
度である $\angle\beta$ は 109.5° と比較して $\boxed{2\ \star\star}$ なる。この
ように考えることで、アンモニアの立体構造が
$\boxed{3\ \star\star\star}$ となることや、メタンとアンモニアの結合角
の相違について理解できる。 (東京理科大)

---

(1) 分子
(2) 組成

(1) 大きく
(2) 小さく
(3) 三角すい形

4 高分子化合物

▼ANSWER

□1 ★★★ 金属，セラミックスと並んで三大材料と称される高分子は，自然界に存在する [1★★★] 高分子と，人工的に作られる [2★★★] 高分子に大別される。（名古屋工業大）

〈解説〉プラスチックは代表的な合成高分子化合物の1つで，石油などを原料として人工的につくられる。

(1) 天然
(2) 合成

□2 ★★ 高分子化合物は，炭素を主な骨格とする [1★★] 高分子化合物と，ケイ素や酸素など炭素以外を骨格とする [2★★] 高分子化合物に大別される。（大阪医科薬科大）

(1) 有機
(2) 無機

□3 ★★★ 分子量1万以上の化合物を高分子化合物という。高分子化合物は繰り返しの単位に相当する分子量の小さい分子から構成され，これを [1★★★] とよぶ。[1★★★] が多数結合してできた化合物を [2★★★] という。[1★★★] が [2★★★] となる反応を重合という。（信州大）

〈解説〉

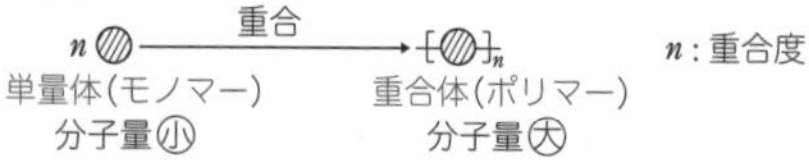

(1) 単量体 [[別]モノマー]
(2) 重合体 [[別]ポリマー]

□4 ★★ 高分子化合物の繰り返し構造単位の数を [1★★] という。高分子化合物は [1★★] の異なる分子の集まりであるため，高分子化合物の分子量には平均値を用い，その値を平均分子量という。（長崎大）

(1) 重合度

□5 ★★★ 重合反応はその反応様式によって [1★★★] 重合と [2★★★] 重合（順不同）の2つに分けられる。（熊本大）

〈解説〉①付加重合：炭素原子間二重結合（C＝C）をもつ単量体のC＝Cのうちの1つが切れ，他の単量体と共有結合で次々とつながっていく反応。

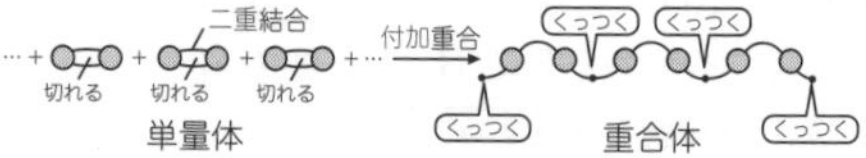

②縮合重合：単量体の間から水 H_2O などの簡単な分子がとれ，次々と共有結合で結びつく反応。

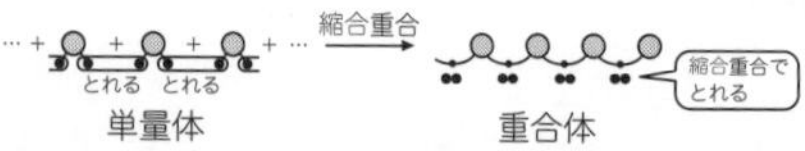

(1) 付加
(2) 縮合

□ **6** 二重結合をもつ単量体が $\boxed{1\,★★★}$ して重合する反応
★★★ は $\boxed{1\,★★★}$ 重合とよばれる。 （奈良女子大）

(1) 付加

□ **7** ポリエチレンはエチレンの $\boxed{1\,★}$ である。 （広島大）
★
〈解説〉

$$\cdots + \begin{matrix} H \\ C \\ H \end{matrix}\!\!\diagup\!\!\!=\!\!\!\diagdown\!\! \begin{matrix} H \\ C \\ H \end{matrix}_{\text{切れる}} + \begin{matrix} H \\ C \\ H \end{matrix}\!\!\diagup\!\!\!=\!\!\!\diagdown\!\! \begin{matrix} H \\ C \\ H \end{matrix}_{\text{切れる}} + \cdots \xrightarrow{\text{付加重合}} \begin{bmatrix} H & H \\ | & | \\ C\!-\!C \\ | & | \\ H & H \end{bmatrix}_n$$

エチレン　　　エチレン　　　　　　ポリエチレン(PE)

(1) 付加重合体
[⑩ 重合体, ポリマー]

□ **8** ポリエチレンには高圧下で合成される $\boxed{1\,★}$ ポリ
★ エチレンと，触媒を用いて常圧に近い条件で合成され
る $\boxed{2\,★}$ ポリエチレンがある。 （信州大）

(1) 低密度
(2) 高密度

□ **9** 塩化ビニルは重合反応によって $\boxed{1\,★★}$ となり，パイ
★★ プやシートなどに用いられる。 （立教大）

〈解説〉

$$\cdots + \begin{matrix} H \\ C \\ H \end{matrix}\!\!\diagup\!\!\!=\!\!\!\diagdown\!\! \begin{matrix} H \\ C \\ Cl \end{matrix}_{\text{切れる}} + \begin{matrix} H \\ C \\ H \end{matrix}\!\!\diagup\!\!\!=\!\!\!\diagdown\!\! \begin{matrix} H \\ C \\ Cl \end{matrix}_{\text{切れる}} + \cdots \xrightarrow{\text{付加重合}} \begin{bmatrix} H & H \\ | & | \\ C\!-\!C \\ | & | \\ H & Cl \end{bmatrix}_n$$

塩化ビニル　　　塩化ビニル　　　　ポリ塩化ビニル(PVC)

(1) ポリ塩化ビニル (PVC)

ポリ塩化ビニル

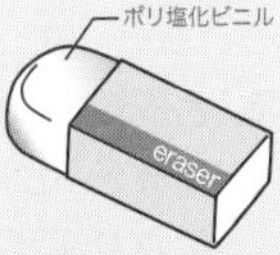

□ **10** 2つ以上の単量体が繰り返し $\boxed{1\,★★★}$ する反応は
★★★ $\boxed{1\,★★★}$ 重合とよばれ $\boxed{1\,★★★}$ の際には小さい分子
が除かれる。 （奈良女子大）

(1) 縮合

応用 □ **11** ポリエチレンテレフタラートは，$\boxed{1\,★★}$ とテレフタ
★★★ ル酸から $\boxed{2\,★★★}$ が脱離して両者が $\boxed{3\,★★}$ 結合で
連結し，これが繰り返されたものであり，清涼飲料水
の容器などに利用されている。 （熊本大）

〈解説〉ポリエチレンテレフタラート（PET）
　　　テレフタル酸のカルボキシ基−COOH とエチレングリ
　　　コールのヒドロキシ基−OH との間の縮合重合により合成
　　　される。

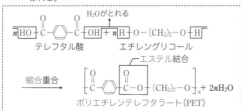

テレフタル酸　　　　　エチレングリコール

ポリエチレンテレフタラート（PET）

(1) エチレングリコール
$$\begin{matrix} CH_2 & - & CH_2 \\ | & & | \\ OH & & OH \end{matrix}$$
(2) 水(分子) H_2O
(3) エステル
$$\begin{matrix} O \\ \| \\ -C-O- \end{matrix}$$
[⑩ 共有]

応用 **□12** ★★★ ナイロン 66 は，アジピン酸と 1 ★★ から 2 ★★★ が脱離して 3 ★★ 結合による連結が繰り返されたものである。絹に近い感触があり，吸水性には乏しいが耐摩耗性に優れており，ストッキングや衣料用繊維として用いられている。

(熊本大)

〈解説〉ナイロン 66 (6,6-ナイロン)
　　ヘキサメチレンジアミンのアミノ基−NH₂とアジピン酸のカルボキシ基−COOHとの間の縮合重合により合成される。

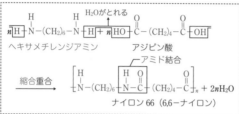

ヘキサメチレンジアミン　　　アジピン酸

縮合重合
ナイロン 66 (6,6-ナイロン)

(1) ヘキサメチレンジアミン

$H_2N-(CH_2)_6-NH_2$

(2) 水 (分子) H_2O

(3) アミド

$$\begin{matrix} & O & & H \\ & || & & | \\ -& C & - & N - \end{matrix}$$

[㊿共有]

応用 **□13** ★★★ 合成繊維の代表例として，1 ★★ 系合成繊維やポリアミド系合成繊維がある。1 ★★ 系合成繊維の一つにポリエチレンテレフタラート(PET)がある。PET は，エチレングリコールとテレフタル酸の 2 ★★★ 重合により合成される。ポリアミド系合成繊維の例にナイロンがあげられる。ナイロンは，摩擦に強く，弾力性も優れている。アメリカのカロザースにより発明された世界初の合成繊維ナイロン 66(6,6-ナイロン)は，カルボキシ基をもつ 3 ★★ と，アミノ基をもつ 4 ★★ が 2 ★★★ 重合したポリマーである。(岩手大)

(1) ポリエステル

(2) 縮合

(3) アジピン酸

$HOOC-(CH_2)_4-COOH$

(4) ヘキサメチレンジアミン

$H_2N-(CH_2)_6-NH_2$

□14 ★★ プラスチックの廃棄が環境問題を引き起こすのは，ほとんどのプラスチックが自然界で分解され 1 ★★ いからである。

(センター)

(1) にく

□**1** 多数の原子が共有結合で結びつけられている結晶を
★★★ 　 1 ★★★ 　 という。　　　　　　　　　　　　（金沢大）

(1) 共有結合の結晶

□**2** ダイヤモンドと黒鉛は炭素の 1 ★★★ である。ダイヤ
★★★ モンドは，炭素原子が隣接する 2 ★★ 個の炭素原子
と共有結合して正四面体形となり，それが繰り返され
た構造をもつ共有結合の結晶である。黒鉛は，各炭素
原子が隣接する 3 ★★ 個の炭素原子と共有結合し
てできた正六角形が連なった平面網目構造をつくり，
それが何層も重なり合いできた共有結合の結晶である。
（浜松医科大）

(1) 同素体
(2) 4
(3) 3

□**3** ダイヤモンドは，各炭素原子が 1 ★★ 個の価電子に
★★★ より隣接する炭素原子とそれぞれ 2 ★★ 結合をつ
くり，3 ★★★ 型の結合が繰り返された立体的な網目
構造を構成している。　　　　　　　　　　　（新潟大）

(1) 4
(2) 共有
(3) 正四面体

〈解説〉ダイヤモンド C

C原子

$_6$C K(2)L(4)
　　　価電子

炭素原子の配置は幾何的に理
想的な角度であり，ひずみがな
く，安定している。

□**4** ダイヤモンドは無色透明な結晶で，非常に硬く，電気
★★★ 伝導性は 1 ★★★ 。この物質はその硬さを利用して研
磨材などに用いられている。　　　　　（豊橋技術科学大）

(1) ない

〈解説〉ダイヤモンドは天然できわめて硬い物質である。

□**5** ケイ素の単体は自然界には見られないが，人工的に単
★★★ 体の結晶をつくることができる。ケイ素の単体の結晶
構造は 1 ★★★ と同じ構造である。1 ★★★ やケイ素
の単体の結晶を，それを形成する結合の種類によって
分類するとき，2 ★★ の結晶という。　　　（新潟大）

(1) ダイヤモンド
(2) 共有結合

03

分子や原子からできている物質 **4** 高分子化合物〜 **5** 共有結合の結晶

53

□**6** ケイ素は岩石や土壌を構成している成分元素として、
★★　地殻中に $\boxed{1 \star\star}$ に次いで多量に存在する。単体は
$\boxed{2 \star\star\star}$ 結合の結晶で、電気伝導性は $\boxed{3 \star\star}$ の性質
を示す。そのため、高純度の単体は IC や $\boxed{4 \star}$ 電
池などのエレクトロニクス分野の材料として広く用い
られている。　　　　　　　　　　　　　　　　（和歌山大）

(1) 酸素 O
(2) 共有
(3) 半導体
(4) 太陽

〈解説〉地殻中の存在率（質量%）の順：O > Si > Al >…

□**7** ケイ素と酸素の化合物として知られる二酸化ケイ素の
★★　結晶は、ケイ素原子を中心として $\boxed{1 \star}$ 個の酸素原
子を頂点とする $\boxed{2 \star\star}$ が連なってできる三次元網
目構造をもつ。この固体の組成式は SiO_2 と表され、1
個のケイ素原子は $\boxed{3 \star}$ 個の酸素原子と結合し、1
個の酸素原子は $\boxed{4 \star}$ 個のケイ素原子と結合して
いる。　　　　　　　　　　　　　　　　　　（東京理科大）

(1) 4
(2) 正四面体
(3) 4
(4) 2

〈解説〉共有結合の結晶の例

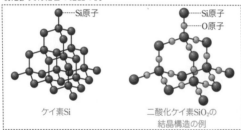

ケイ素Si　　　　　二酸化ケイ素SiO_2の
　　　　　　　　　　結晶構造の例

□**8** $\boxed{1 \star\star\star}$ の結晶は電気を通さないものが多いが、
★★★　$\boxed{1 \star\star\star}$ の結晶の一つである黒鉛は、炭素原子がつく
る網目状の平面構造の中を自由に動く電子があるため
に電気をよく通す。　　　　　　　　　　　　（共通テスト）

(1) 共有結合

□**9** 黒鉛は炭素原子の $\boxed{1 \star\star}$ 個の価電子のうち $\boxed{2 \star\star}$
★★　個の価電子が隣接する炭素原子と $\boxed{3 \star\star}$ 結合して、
$\boxed{4 \star\star\star}$ 形を基本とする平面の網目構造を構成してい
る。この網目状の平面構造は、弱い力で結ばれて積み
重なっている。各炭素原子に残る $\boxed{5 \star}$ 個の価電子
は平面内を移動できる。　　　　　　　　　　　　（埼玉大）

(1) 4
(2) 3
(3) 共有
(4) 正六角
(5) 1

〈解説〉それぞれの炭素原子が隣接する3個の炭素原子と共有結合して，正六角形がくり返された平面構造をつくっている。この平面構造は弱い分子間の力で積み重なっているために，軟らかくて，薄くはがれやすい。

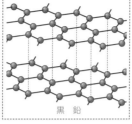

黒鉛

□10 ダイヤモンドと黒鉛は互いに炭素の ｜ 1 ★★★ ｜ である。黒鉛は ｜ 2 ★★★ ｜ の伝導性が良く，ダイヤモンドは ｜ 3 ★★★ ｜ の伝導性が大変良い。
（和歌山大）

(1) 同素体
(2) 電気
(3) 熱

□11 炭素にはいくつかの ｜ 1 ★★★ ｜ が存在する。例えば，二次元結晶となる炭素の ｜ 1 ★★★ ｜ としてはグラフェンがある。グラフェンは正六角形の格子が原子1個分の厚さで平面状につながった二次元結晶であり，炭素分子が蜂の巣状に並んでいる。グラフェンは炭素がもつ価電子のうち ｜ 2 ★★ ｜ 個を使って共有結合しており，残る価電子は結晶表面を ｜ 3 ★★ ｜ できるため，電気伝導性を ｜ 4 ★★ ｜ 。グラフェンが層状に重なったものがグラファイト（黒鉛）である。層と層の間は弱い分子間力で結合している。

グラフェンに関連した ｜ 1 ★★★ ｜ として，グラフェンが筒状になったような構造をもつカーボンナノチューブや，炭素原子60個からなるサッカーボール状の構造をもつ C_{60} フラーレンなどがある。

(1) 同素体
(2) 3
(3) 移動
(4) もつ[⑪示す]

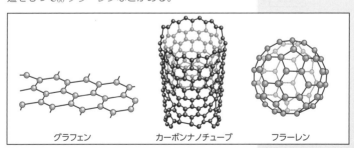

グラフェン　　カーボンナノチューブ　　フラーレン

（岡山大）

55

6 配位結合／錯イオン

▼ANSWER

□1 ★★★ H_2O に水素イオンが結合すると [1★★★] イオンができ, NH_3 に水素イオンが結合すると [2★★★] イオンができる。このように, 分子を構成している原子の非共有電子対が他の原子やイオンとの結合に使われる場合, この結合を特に [3★★★] という。（北海道大）

(1) オキソニウム H_3O^+
(2) アンモニウム NH_4^+
(3) 配位結合

〈解説〉配位結合は矢印（→）で表し, 他の共有結合と区別することがある。

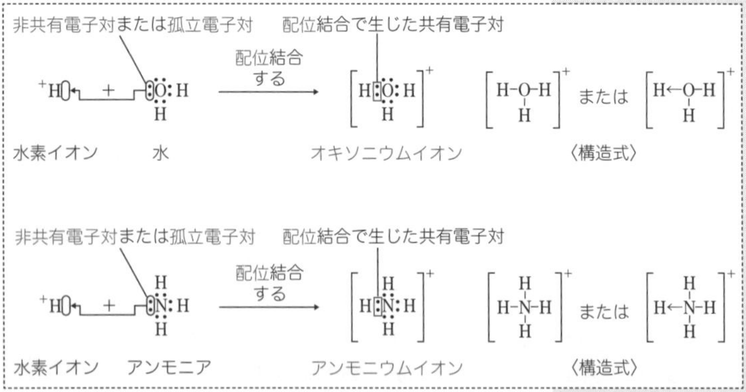

□2 ★★★ 水分子中の酸素原子は [1★★★] 電子対を持ち, これを水素イオンに提供して共有結合を形成し, オキソニウムイオンとなる。このようにしてできる共有結合を, 特に [2★★★] 結合とよぶ。（北海道大）

(1) 非共有[別]孤立]
(2) 配位

□3 ★★★ NH_3 が H^+ に [1★★★] して NH_4^+ を形成した後では, 生じた [1★★★] を他の [2★★★] と区別することはできない。（立命館大）

(1) 配位結合
(2) 共有結合

〈解説〉NH_4^+ 中の N−H 結合は, 一度結合してしまうとどれが配位結合かわからなくなってしまう。

□4 ★★★ アンモニウムイオンは，アンモニアを水に溶かすと窒素上の [1★★★] を水素イオンに与えて [2★★★] 結合を形成することにより生成する。この結合は結果として，アンモニア分子中にあった窒素－水素間の [3★★★] 結合と区別できない。（弘前大）

〈解説〉

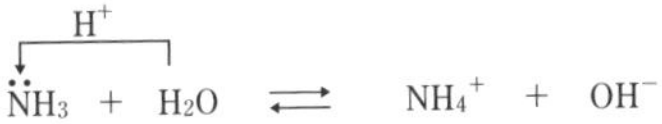
H+
NH3 + H2O ⇄ NH4+ + OH−

(1) 非共有電子対 [別 孤立電子対]
(2) 配位
(3) 共有

□5 ★★★ NH_3 と HCl は反応して [1★] を生じるが，このとき新たに [2★★★] 結合と [3★★★] 結合（(2)(3)順不同）ができる。（富山県立大）

〈解説〉

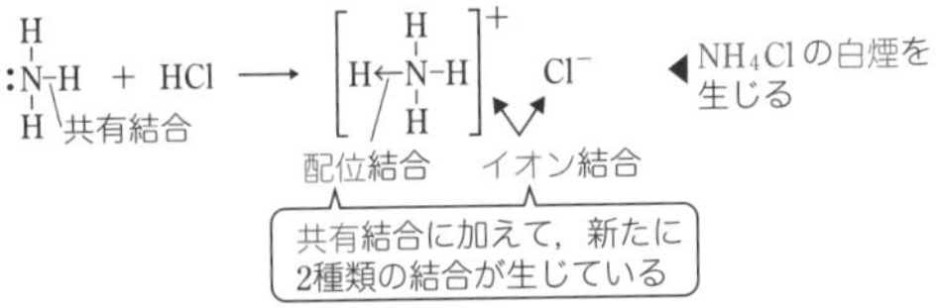
共有結合
配位結合
イオン結合
◀NH4Clの白煙を生じる
共有結合に加えて，新たに2種類の結合が生じている

(1) 塩化アンモニウム NH_4Cl [別 白煙，塩]
(2) 配位
(3) イオン

□6 ★★ アンモニアに水素イオンが結合し，アンモニウムイオンになる場合も [1★★★] 結合によるものである。このとき，その立体構造は [2★★] 形から [3★] 形へと変化する。（東京理科大）

〈解説〉

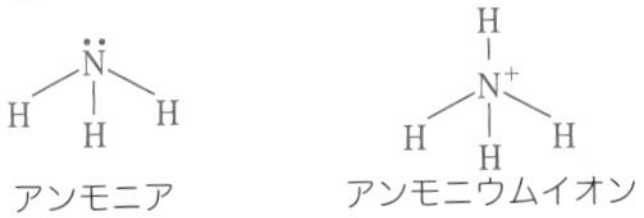
アンモニア
アンモニウムイオン

(1) 配位
(2) 三角すい
(3) 正四面体

□7 ★★★ 金属イオンに，アンモニア分子のような [1★★★] をもつ分子や陰イオンが配位結合したイオンを [2★★] イオンという。（東京都立大）

〈解説〉錯イオンの例

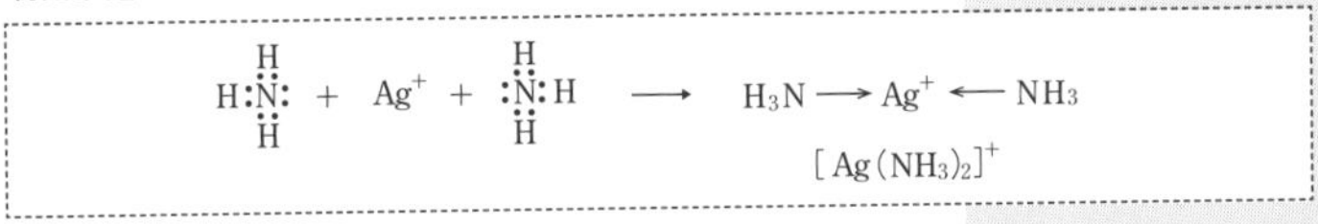
[Ag(NH3)2]+

(1) 非共有電子対 [別 孤立電子対]
(2) 錯

[8] ★★ H_2O，NH_3 および CN^- のような非共有電子対をもった分子やイオンが，銅や銀などの金属イオンに [1★★★] すると，錯イオンとよばれるイオンを生じる。ここで，金属イオンと結合している分子やイオンを [2★] という。[2★] として H_2O だけが [1★★★] した金属イオンは特に水和イオンとよばれることがある。

例えば，1個の Cu^{2+} に4個の H_2O が [1★★★] した水和イオンを含んだ水溶液は [3★★] 色を呈する。

（北海道大）

(1) 配位結合（はいいけつごう）
(2) 配位子（はいいし）
(3) 青（あお）

〈解説〉$[Cu(H_2O)_4]^{2+}$ を含んだ水溶液は青色を呈する。H_2O を配位子とする錯イオンはアクア錯イオン（水和イオン）とよばれ，H_2O は省略して表すことが多い。

[9] ★★ 亜鉛(Ⅱ)イオンとアンモニアとによって形成される [1★★] イオンは，亜鉛(Ⅱ)イオンに [2★★] 個のアンモニア分子が結合したものであり，全体としての電荷は [3★] 価となる。

（東京理科大）

(1) 錯（さく）
(2) 4
(3) +2

〈解説〉錯イオンに含まれる配位子の数を配位数といい，金属イオンの価数の2倍になるものが入試では多く出題される。
[例] $[Zn(NH_3)_4]^{2+}$，$[Cu(NH_3)_4]^{2+}$，$[Ag(NH_3)_2]^+$ など

[発展] [10] ★★★ NH_3 のN原子のL殻にはH原子と共有されていない1対の [1★★★] が存在し，それを H^+ や金属イオンと共有してできる結合を [2★★★] という。例えば，Cu^{2+} や Zn^{2+} に4分子の NH_3 が [2★★★] すると，その構造がそれぞれ，[3★★] の $[Cu(NH_3)_4]^{2+}$ や [4★★] の $[Zn(NH_3)_4]^{2+}$ という錯イオンが生成する。

（立命館大）

(1) 非共有電子対（ひきょうゆうでんしつい）
[別] 孤立電子対（こりつでんしつい）
(2) 配位結合（はいいけつごう）
(3) 正方形（せいほうけい）
(4) 正四面体(形)（せいしめんたいけい）

〈解説〉錯イオンの形

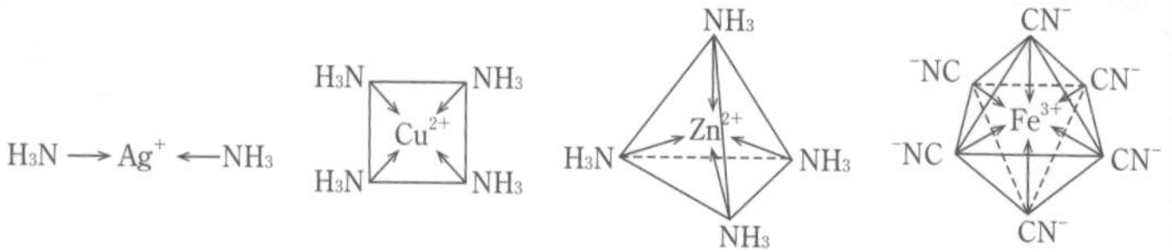

直線形 $[Ag(NH_3)_2]^+$　正方形 $[Cu(NH_3)_4]^{2+}$　正四面体形 $[Zn(NH_3)_4]^{2+}$　正八面体形 $[Fe(CN)_6]^{3-}$

（⟶ は配位結合を表す）

7 電気陰性度／結合の極性と分子の極性　▼ANSWER

□**1**
★★★
二つの原子間で共有結合ができるとき，それぞれの原子が共有電子対を引きつける強さの程度を数値で表したものを 1 ★★★ という。　　　　　　　　　　(三重大)

(1) 電気陰性度

□**2**
★★
周期表で第2周期以下の元素の電気陰性度は，貴ガスを除くと，同一周期では，原子番号が大きくなるほど 1 ★★ くなり，同族では，一般に原子番号が 2 ★★ くなるほど大きくなる傾向がある。一般に異種の2原子からできている結合 X−Y は，電気陰性度の差が 3 ★★ いときは共有結合性が強く，4 ★★ いときはイオン結合性が強い。　　　　(中央大)

(1) 大き
(2) 小さ
(3) 小さ
(4) 大き

〈解説〉電気陰性度(ポーリングの値)

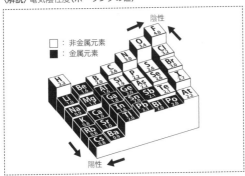

主な元素では，F ＞ O ＞ Cl ＞ N ＞ C ＞ H の順を覚えておく。

□**3**
★★
周期表の左の方には，1 ★★ イオンになりやすい元素，右の方には 2 ★★ イオンになりやすい元素が多く，周期表の縦の同じ列の元素はイオンになったとき，同じ 3 ★★ をもつ。　　　　　　　(埼玉大)

(1) 陽
(2) 陰
(3) 価数

〈解説〉左下側にある金属元素ほど電気陰性度は小さく，陽性が強いため陽イオンになりやすい。また，右上側にある非金属元素ほど電気陰性度は大きく，陰性が強いため陰イオンになりやすい。

03

分子や原子からできている物質 **6** 配位結合／錯イオン～ **7** 電気陰性度／結合の極性と分子の極性

59

[4] ★★★ 貴ガスを除いて周期表の右上側にある元素ほど [1★★] 性が強い。最も [1★★] 性が強い元素は [2★★★] である。 （横浜国立大）

〈解説〉フッ素Fの電気陰性度は，全元素の中で最大。

(1) 陰[別]非金属]
(2) フッ素F

[5] ★★★ 右のグラフは元素に対する [1★★★] の変化量を示しており，横軸が原子番号である。

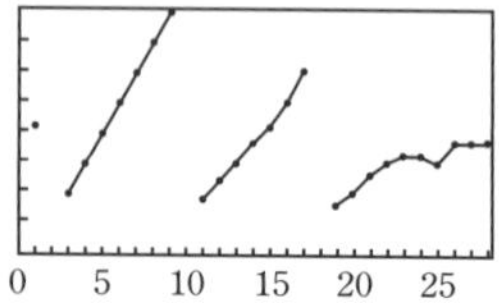

（岐阜大）

〈解説〉原子番号2, 10, 18, 36…の貴ガス元素は結合しにくいため，電気陰性度の値はふつう省略する。

(1) 電気陰性度

[応用] [6] ★★★ イオン結合は陽イオンになりやすい原子と陰イオンになりやすい原子間で成立しやすい。したがって，関与する原子のイオンへのなりやすさの尺度である [1★★★] と [2★★★] は重要である。特に，[1★★★] は原子の [3★] を反映して，原子番号とともに顕著な周期性を示す。また，これら [1★★★] と [2★★★] は，共有結合における共有電子対を引きつける強さを相対的な数値で表した [4★★★] と密接に関係している。 （琉球大）

〈解説〉陽イオンになりやすい原子はイオン化エネルギーが小さく，陰イオンになりやすい原子は電子親和力が大きい。アメリカの化学者マリケンは，イオン化エネルギー＋電子親和力の$\frac{1}{2}$を電気陰性度とした。

(1) (第一)イオン化エネルギー
(2) 電子親和力
(3) 電子配置
(4) 電気陰性度

[7] ★★★ 共有結合している原子が電子を引き付ける能力である [1★★★] が大きい原子と小さい原子が結合した場合，[2★★★] にかたよりが生じる。これを結合の [3★★] という。[1★★★] が異なる2つの原子からなる分子は [3★★] をもつ。分子全体として電荷のかたよりをもつ分子を [4★★★] という。一方，同一の原子からなる二原子分子の場合は [2★★★] のかたよりがない。また，[2★★★] にかたよりがあっても，分子の形の対称性により分子全体の [3★★] が打ち消される分子もある。これらを [5★★★] という。 （早稲田大）

〈解説〉単体(H_2, O_2, N_2…)は無極性分子になる。

(1) 電気陰性度
(2) 共有電子対
(3) 極性
(4) 極性分子
(5) 無極性分子

□ 8 ★
次の二原子分子を極性の大きな順番に左から順に並べよ。ただし，原子間距離は同じと仮定せよ。[1★]
① CH　② OH　③ HF
(注) これらの分子は必ずしも安定であるとは限らない。
（東京大）

(1) ③，②，①

〈解説〉電気陰性度の差が大きいほど，極性は大きくなる。電気陰性度は F ＞ O ＞ C ＞ H の順。
C－H：①の分子
O－H：②の分子
F－H：③の分子

□ 9 ★★★
H_2 や N_2 では2個の原子の不対電子が原子間で電子対をつくることによって [1★★★] 結合が形成される。同じ原子からなる二原子分子の結合には極性が [2★★] が，HClのように異なる原子間で化学結合が生成するときには，電子対の一部がどちらかの原子に引き寄せられるため極性が [3★★] 。
（大阪大）

(1) 共有（きょうゆう）
(2) ない
[[別]生じない]
(3) ある
[[別]生じる]

〈解説〉

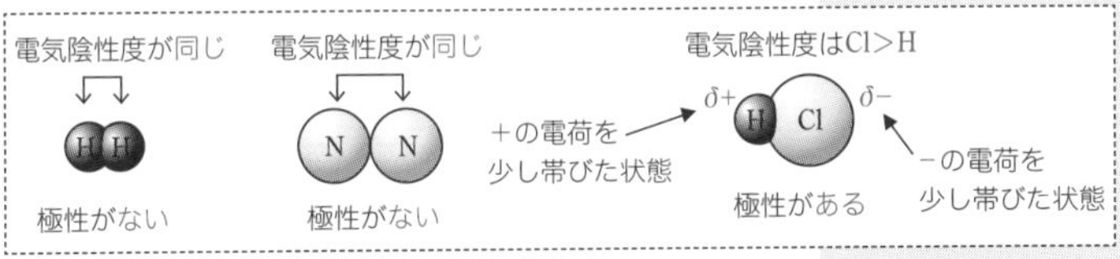

電気陰性度が同じ
H H
極性がない
電気陰性度が同じ
N N
極性がない
電気陰性度はCl＞H
δ＋
H Cl
δ－
＋の電荷を
少し帯びた状態
－の電荷を
少し帯びた状態
極性がある

□ 10 ★★★
原子が共有電子対を引き寄せる強さの尺度を [1★★★] といい，[1★★★] が最も大きな元素は [2★★★] である。酸素原子 O と水素原子 H からなる O－H 結合や，炭素原子 C と酸素原子 O からなる C＝O 結合は，いずれも結合に関与する原子に [1★★★] の差があるため，O－H 結合や C＝O 結合は極性をもつ。しかし，それぞれの化学結合が極性をもつからといって，分子が極性をもつとは限らない。水分子の形は [3★★★] 形であるため，水分子は極性を [4★★] が，二酸化炭素分子は分子の形が [5★★★] 形であるため，極性を [6★★] 。
（関西大）

(1) 電気陰性度（でんきいんせいど）
(2) フッ素（そ）F
(3) 折れ線（おれせん）
[[別]V字（じ）]
(4) もつ
(5) 直線（ちょくせん）
(6) もたない

〈解説〉水 H_2O は極性分子，二酸化炭素 CO_2 は無極性分子。

□ **11** H₂O は極性分子であるのに対し，CO₂ は無極性分子
★★ である。これは H₂O と CO₂ は分子の形が異なるため
である。このことがわかるように H₂O と CO₂ の分子
の形の違いを図示せよ。また，それぞれの原子の上に，
個々の結合における電荷のかたよりを，次の HF の例
を参考に δ＋，δ－を用いて示せ。 1★★

(例) $\overset{\delta+}{H} - \overset{\delta-}{F}$

(名古屋大)

〈解説〉電気陰性度は O＞H，O＞C，F＞H。

(1)

$$\overset{\delta-}{O}$$
$$\overset{\delta+}{H} \qquad \overset{\delta+}{H}$$

$$\overset{\delta-}{O} = \overset{\delta+}{C} = \overset{\delta-}{O}$$

□ **12** アンモニア分子は 1★★ 組の 2★★★ 電子対と1
★★★ 組の 3★★★ 電子対をもち，その形は 4★★ 形であ
り，極性分子である。 (熊本大)

〈解説〉アンモニアの電子式は，H : N̈ : H となり，その形は
$$\qquad\qquad\qquad\qquad\qquad\qquad\qquad\quad H$$

$$\overset{\delta-}{N}$$
$$\overset{\delta+}{H} \diagup \, | \, \diagdown \overset{\delta+}{H}$$
$$\overset{\delta+}{H}$$

(1) 3
(2) 共有
(3) 非共有
 [⊕孤立]
(4) 三角すい

□ **13** 塩素，塩化水素，水，二酸化炭素，アンモニア，メ
★★ タンの中から極性分子を3つ選び，それぞれの電子式お
よび分子の形を記せ。 1★★ (三重大)

〈解説〉分子の形と極性分子・無極性分子

(1) 塩化水素
H : C̈l :
直線形

水
H : Ö : H
折れ線形
 [⊕V字形]

アンモニア
H : N̈ : H
 H
三角すい形

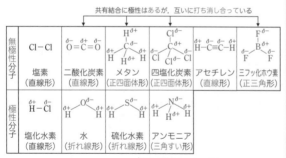

共有結合に極性はあるが，互いに打ち消し合っている

無極性分子	Cl−Cl	$\overset{\delta-}{O}=\overset{\delta+}{C}=\overset{\delta-}{O}$	メタン	四塩化炭素	$H-C\equiv C-H$ アセチレン	三フッ化ホウ素
	塩素(直線形)	二酸化炭素(直線形)	(正四面体形)	(正四面体形)	(直線形)	(正三角形)
極性分子	$\overset{\delta+}{H}-\overset{\delta-}{Cl}$	水	硫化水素	アンモニア		
	塩化水素(直線形)	(折れ線形)	(折れ線形)	(三角すい形)		

（電気陰性度の大小関係は，
O＞C，C＞H，Cl＞C，F＞B，
Cl＞H，O＞H，S＞H，N＞H）

□ **14** 構造式の原子の近くに δ＋，δ－の記号を付すことで
★★ 結合の極性を示すことができる。水素，二酸化炭素，ア
ンモニア，メタンの中から極性分子をすべて選び，分
子中のすべての原子に δ＋または δ－を付した構造式
で示せ。 1★★ (静岡大)

(1) $\overset{\delta+}{H}-\overset{\delta-}{N}-\overset{\delta+}{H}$
 $\quad | $
 $\quad \overset{\delta+}{H}$

8 〈発展〉分子間にはたらく力

▼ANSWER

□1 ★★ 一般に物質の融点や沸点は，原子，分子，イオンなどの構成粒子間の結合力が強くなるとともに [1★★] 。（慶應義塾大）

(1) 高くなる [[別]上昇する]

□2 ★★★ 分子間には非常に弱い力，分子間力が働く。分子間力には [1★★★] 力や [2★★★] 結合がある。（福島大）

(1) ファンデルワールス
(2) 水素

□3 ★★ 分子間にはたらく引力はオランダの科学者の名をとって [1★★] とよばれる。（長崎大）

(1) ファンデルワールス力

〈解説〉
ファンデルワールス力
- すべての分子間にはたらく引力
- 極性分子間にはたらく静電気的な引力
（イオンの間にはたらく静電気力（クーロン力）より弱い）

□4 ★★ 分子結晶では，[1★★] が分子間力としてはたらいており，構造が似た結晶では，[1★★] は分子量とともに増大する。（埼玉大）

(1) ファンデルワールス力

〈解説〉分子量と沸点

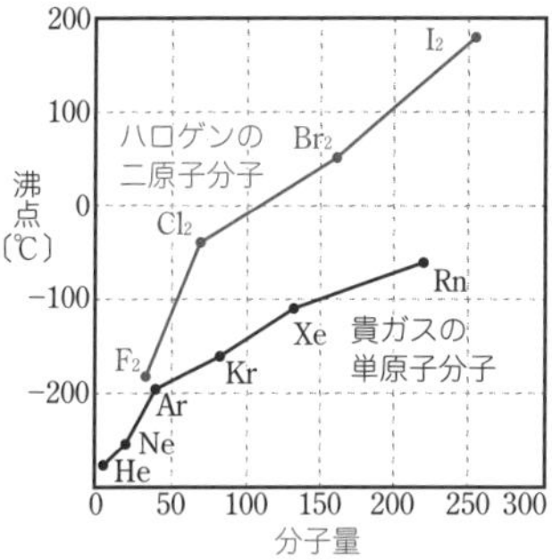

分子量が大きいほどファンデルワールス力が強くなり，沸点が高くなる。

□5 ★★★ 周期表の 18 族に属する元素を [1★★★] という。[1★★★] はいずれも常温・常圧で無色・無臭の気体であり，融点・沸点が非常に低い。[1★★★] のうち最も沸点の低いものは [2★★] である。これは [1★★★] のなかで最も分子間力が小さいためである。（大阪公立大）

(1) 貴ガス
(2) ヘリウム He

□6 ★ 分子量がほぼ同じ分子の場合，極性分子の分子間力の方が無極性分子のものより [1★] 。（慶應義塾大）

(1) 強い

□7 ★★★ フッ化水素 HF は，フッ素原子の [1★★★] が大きく，水素原子の [1★★★] との差が大きいため，極性の大きな分子となっている。そして，HF の正に帯電した水素原子と，他の HF の負に帯電したフッ素原子とが，静電気力により分子間で引き合っている。このように，分子の中の正に帯電した水素原子が，その水素原子と直接共有結合していない [1★★★] の大きな F，O，N などの原子と静電気力で引き合い，水素原子を仲立ちとして生じる結合を [2★★★] という。 （名古屋大）

(1) 電気陰性度（でんきいんせいど）
(2) 水素結合（すいそけつごう）

〈解説〉水素結合

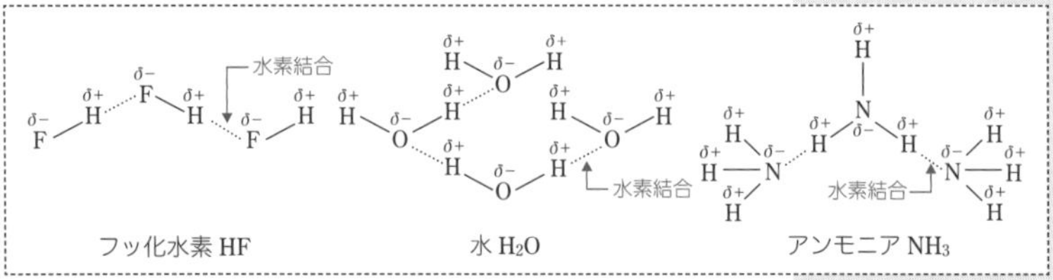

□8 ★★★ 水分子では，水素原子は正の電荷を帯びており，酸素原子上に存在する非共有電子対は負の電荷をもっている。その結果，水分子 2 個の間で，一方の水分子の 1 個の水素原子と他方の水分子の 1 組の非共有電子対が静電気的に引き合うことで [1★★★] が 1 本形成される。 （奈良女子大）

(1) 水素結合（すいそけつごう）

〈解説〉水素結合は，金属結合，イオン結合，共有結合よりは弱く，切れやすい。

□9 ★★★ アンモニア分子どうしは，窒素原子が大きな [1★★★] を有するため，他の分子中の水素原子と [2★★] で引き合い，[3★★★] を形成する。 （九州大）

(1) 電気陰性度（でんきいんせいど）
(2) 静電気力（せいでんきりょく）
[[別]クーロン力（りょく）]
(3) 水素結合（すいそけつごう）

□10 ★★★ 15 ～ 17 族の元素の水素化合物では，それぞれの族の中で分子量が最も小さい NH_3，H_2O，HF の沸点が，異常に高い値を示す。これは，[1★★★] の大きい窒素，酸素，フッ素原子が電子を強く引きつけ，正に帯電した水素原子との結合に極性を生じ，分子間に [2★★★] といわれる比較的強い分子間力が作用しているためである。 （名古屋市立大）

(1) 電気陰性度（でんきいんせいど）
(2) 水素結合（すいそけつごう）

9 分子結晶

▼ ANSWER

□1
★★
分子が規則正しく配列してできた結晶を分子結晶という。
分子結晶は軟らかく,融点が ┃1 ★★┃。　　　　　(金沢大)

〈解説〉二酸化炭素 CO_2,ヨウ素 I_2,ナフタレン $C_{10}H_8$,水 H_2O の
　　結晶は,分子結晶である。

(1) 低い

□2
★★★
ドライアイスのように分子を構成単位とする結晶を
┃1 ★★★┃といい,共有結合の結晶やイオン結晶よりも
軟らかく融点が低いという性質をもつ。　　(東京農工大)

〈解説〉二酸化炭素・ヨウ素の分子結晶の構造

(1) 分子結晶

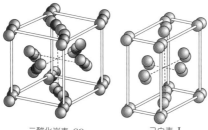

二酸化炭素 CO_2　　　　ヨウ素 I_2

発展 □3
★★★
一般に分子結晶は ┃1 ★★★┃ のみで分子どうしが結び
ついている。ただし,氷は ┃1 ★★★┃ のみでなく ┃2 ★★★┃
も分子どうしをつなげる役目をしている。┃1 ★★★┃ や
┃2 ★★★┃ は,他の種類の結晶における主な結合力であ
る金属結合,┃3 ★★┃ や ┃4 ★★┃ ((3)(4)順不同) などより
も,その結合や相互作用を切る際に多くのエネルギー
を必要としない。したがって,分子結晶は他の種類の
結晶に比べて融点が低い。　　　　　　　　(近畿大)

(1) ファンデル
　ワールス力
(2) 水素結合
(3) イオン結合
(4) 共有結合

発展 □4
★★
分子結晶の固体内部の分子内結合は共有結合により原
子どうしが強く結びつき,分子どうしの間には弱い結合
力の ┃1 ★★┃ が働く。┃1 ★★┃ のうち ┃2 ★★┃ 結合
を除いた結合力をファンデルワールス力ともいい,この
力はすべての分子の間にはたらく弱い引力と,電荷の
偏りのある ┃3 ★★┃ 分子間の静電気的な引力を合計し
たものである。　　　　　　　　　　　　(札幌医科大)

(1) 分子間力
(2) 水素
(3) 極性

□5 ★★★ ナフタレンの結晶のような [1★★★] 結晶は，一般に自由電子をもたず電気を通さない。（共通テスト）

(1) 分子

□6 ★★★ 原子番号 53 のヨウ素は [1★★] と呼ばれる非金属元素の一つで，周期表の [2★★] 族に属する。単体は常温で [3★★] 色の固体であり，[4★★★] 性をもつため，この性質を利用して固体の混合物を加熱して分離・精製することができる。ヨウ素分子 I_2 は，[5★★] 個の価電子をもつ 2 つのヨウ素原子が [6★★] 結合で結びついた二原子分子である。2 つのヨウ素原子の電気陰性度が同じであるため，結合には [7★★] がない。固体中では I_2 の分子どうしが [8★★★] で引き合い，規則正しく配列して結晶を形成している。（日本女子大）

(1) ハロゲン
(2) 17
(3) 黒紫
(4) 昇華
(5) 7
(6) 共有
(7) 極性
(8) ファンデルワールス力［[別]分子間力］

[発展] □7 ★★ 氷では，一つの水分子が [1★★] 個の水分子に囲まれていて，一つひとつの水分子が [2★★] の頂点に位置してダイヤモンドに類似した構造の結晶をつくっている。この構造は水分子間の [3★★] でつくられている。（明治大）

(1) 4
(2) 正四面体
(3) 水素結合

〈解説〉氷 H_2O

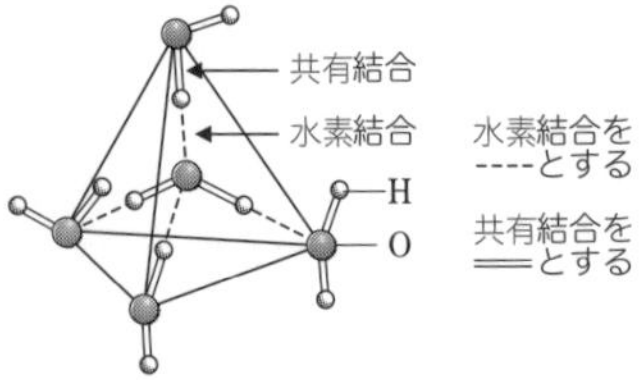

共有結合
水素結合
H
O
水素結合を
----とする
共有結合を
══とする

[発展] □8 ★★ 氷の結晶中では水分子 1 個が 4 個の水分子と [1★★] し，すき間の多い構造となるため，氷が液体の水になると，密度が [2★] なる。（立命館大）

〈解説〉密度〔g/cm^3〕$= \dfrac{質量〔g〕}{体積〔cm^3〕}$であり，
氷の体積〔cm^3〕＞水の体積〔cm^3〕なので，
氷の密度〔g/cm^3〕＜水の密度〔g/cm^3〕となる。

(1) 水素結合
(2) 高く［[別]大きく］

□9 ★★ 氷は水分子の分子結晶である。結晶中で 1 個の水分子は [1★★] 個の水分子と [2★★] 結合している。すき間の大きな立体構造をとっているため，氷は液体の水より [3★] が小さく，氷は水に浮く。（神戸薬科大）

(1) 4
(2) 水素
(3) 密度

[発展] □10 ★★ 一般に同じ物質の固体は同体積の液体より重いが，氷は同体積の水より軽い。これは固体では一つの H_2O 分子が他の H_2O 分子 [1★★] 個と [2★★] を形成して酸素原子どうしが正四面体状に配列し，すき間が多い結晶構造となるからである。　（東京理科大）

(1) 4
(2) 水素結合（すいそけつごう）

〈解説〉氷の結晶構造

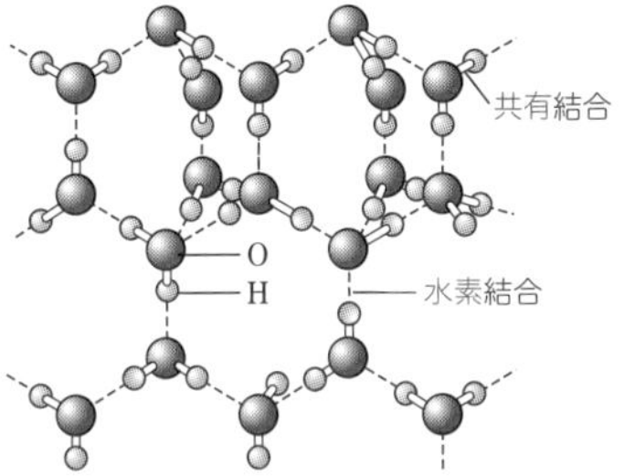

共有結合
O
H
水素結合

[発展] □11 ★★ 水の単位体積あたりの質量，つまり密度は [1★] ℃のときに最大となる。一定質量の水は，[1★] ℃より温度が上がっても下がっても体積が [2★★] して密度が [3★★] なり，0℃で氷になると体積が [2★★] する。氷が水面に浮くのはこの性質によるものである。

（東京理科大）

(1) 4
(2) 増加（ぞうか）［[別]増大（ぞうだい）］
(3) 小（ちい）さく

〈解説〉温度による H_2O の密度の変化

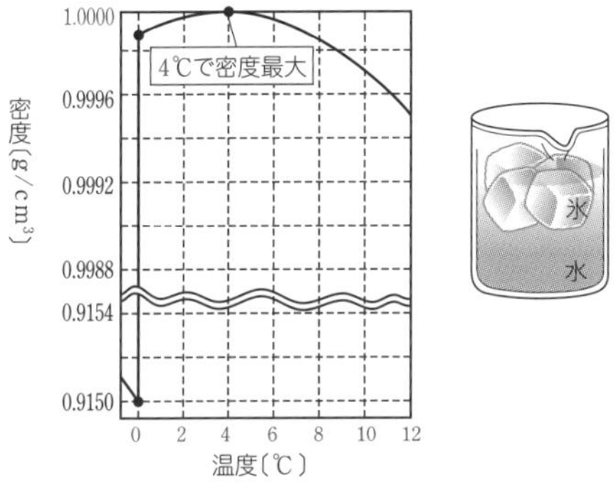

1.0000
0.9996
0.9992
0.9988
0.9154
0.9150
密度〔g/cm³〕
4℃で密度最大
0
2
4
6
8
10
12
温度〔℃〕
氷
水

10 金属結合と金属結晶

□**1** 金属原子が規則正しく配列した結晶を金属結晶という。
★★★ 金属結晶では，金属原子から放出された $\boxed{1 ★★★}$ は，
すべての金属原子に共有されている。このような
$\boxed{1 ★★★}$ を特に $\boxed{2 ★★★}$ という。　　（金沢大）

(1) 価電子
(2) 自由電子

□**2** 金属原子間の結合は個々の原子に束縛されない $\boxed{1 ★★★}$
★★★ により仲立ちされているため，金属間の結合には方向
性がない。そのため結晶構造は変化しやすく，金属に
は $\boxed{2 ★★★}$ や延性がある。　　（奈良女子大）

(1) 自由電子
(2) 展性

□**3** 金属はたたくと薄く広がる性質である $\boxed{1 ★★★}$ や，
★★★ 引っ張ると線状に伸びる性質である $\boxed{2 ★★★}$ を示す。
　　（関西学院大）

(1) 展性
(2) 延性

□**4** 銅やアルミニウム，鉄などの金属は，多数の金属元素
★★★ の原子が次々に結合してできている。金属元素の原子
が集合すると，それぞれの原子の $\boxed{1 ★★★}$ 殻が互いに
一部重なり合った状態になる。金属元素の原子は一般
にイオン化エネルギーが小さく，原子の $\boxed{2 ★★★}$ は，
原子核の束縛から解放されて $\boxed{3 ★★★}$ となり，多数の
原子間を自由に動き回ることによって原子どうしを結
びつけるはたらきをしている。このようにしてできる
結合を $\boxed{4 ★★}$ という。金属は，この $\boxed{3 ★★★}$ のはた
らきにより，電気や $\boxed{5 ★}$ を導く性質に優れ，また，
展性や延性を示し，金属光沢をもつ。　　（熊本大）

(1) 電子
(2) 価電子
(3) 自由電子
(4) 金属結合
(5) 熱

〈解説〉金属結合のようす

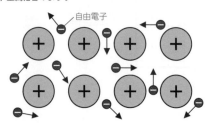

自由電子

□ **5** 銅は，電気をよく伝えるので，電線などの電気材料に
★★★ 広く用いられている。一般に，金属が電気や熱をよく
導くのは，| 1 ★★★ | によって電気や熱エネルギーが運
ばれるからである。また，延性や | 2 ★★ | があるのは，
原子の動きに応じて | 1 ★★★ | が動いて原子どうしを
結びつけることができるためである。　（金沢大）

(1) 自由電子
(2) 展性

〈解説〉

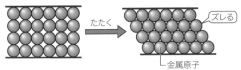

たたく　　ズレる

金属原子

□ **6** アルミニウムは，展性に富むためアルミホイルとして
★★ 用いられたり，電気伝導性が単体では銀，| 1 ★★ |，金
に次いで高いため電気配線に用いられたり，熱伝導性
が高いためやかん等の調理器具に用いられたりしてい
る。　（群馬大）

(1) 銅 Cu

〈解説〉電気伝導度・熱伝導度の順：Ag > Cu > Au > Al >…

□ **7** 金属に関する次の①〜⑤の記述のうち，誤っているも
★★★ のはどれか。| 1 ★★★ |
　①単体に金属光沢がある。
　②すべて周期表の 3 〜 12 族に属する。
　③電気や熱をよく導く。
　④薄く広がる性質(展性)がある。
　⑤長く伸びる性質(延性)がある。　（愛知工業大）

(1) ②

解き方
② 3 〜 12 族は遷移元素。
典型元素にも金属元素がある（周期表の左側に多い）。

□ **8** 金属元素の単体は，常温では | 1 ★★ | を除いてすべて
★★ 固体であり，一般に融点が高い。　（甲南大）

(1) 水銀 Hg

□ **9** 典型元素の金属は，遷移元素の金属と比べると，一般
★ に融点が | 1 ★ |。　（名城大）

(1) 低い

11 化学結合・結晶のまとめ

▼ANSWER

□1 ★★★ 結晶はその構成粒子間の結合の種類からイオン結晶，分子結晶，金属結晶，共有結合の結晶に分類される。イオン結晶では陽イオンと陰イオンが [1★★★] 力で引き合っている。分子結晶は分子が規則正しく配列してできた固体であり，[2★] 力により分子が引き合っている。一般に [1★★★] 力は [2★] 力よりも結合の力が [3★★] いため，イオン結晶の融点は分子結晶に比べ [4★★] い。金属結晶は，結晶中を [5★★★] が自由に動き回ることで電気をよく通す。金属の単体で最もよく電気を通すのは [6★★] である。（日本女子大）

(1) 静電気 [[別]クーロン]
(2) ファンデルワールス [[別]分子間]
(3) 強
(4) 高
(5) 自由電子
(6) 銀 Ag

□2 ★★★ 結晶は，結晶を構成する粒子および粒子間の結合に基づいて，[1★★★] 結晶，[2★★★] の結晶，[3★★★] 結晶，金属結晶の 4 つに分類することができる。

塩化ナトリウムや硫酸カルシウムに代表される [1★★★] 結晶では，結晶を構成する陽イオンと陰イオンが，[4★★★] 力によって生じるイオン結合によって結合している。

ダイヤモンドは代表的な [2★★★] の結晶の例であり，構成粒子である [5★★] が [2★★★] により規則正しく配列している。

ドライアイスやナフタレンに代表される [3★★★] 結晶では，構成粒子間に [6★★] とよばれる力が作用して結合を形成する。氷も [3★★★] 結晶の一例だが，氷では特に [7★★★] 結合とよばれる力が作用して結晶を形成している。

金属結晶は，金属元素の原子が規則正しく配列してできている。金属原子の [8★★] は一般的に小さいので，その価電子は特定の原子内にとどまることができず [9★★★] となり，正の電荷を帯びた金属全体を結びつけている。この [9★★★] を仲立ちとする金属原子どうしの結合を金属結合という。（琉球大）

(1) イオン
(2) 共有結合
(3) 分子
(4) 静電気 [[別]クーロン]
(5) 炭素原子 C
(6) ファンデルワールス力 [[別]分子間力]
(7) 水素
(8) (第一) イオン化エネルギー [[別]電気陰性度]
(9) 自由電子

□**3** イオン化エネルギーや電子親和力は原子番号とともに
★★★ 周期的に変化する。このような周期性を元素の
　　　| 1 ★★★ | という。
　　　　　　　　　　　　　　　　　　　　　（神奈川大）

(1) 周期律

□**4** 次のグラフは元素に対する変化量を示しており，横軸
★★★ が原子番号である。縦軸の数値が，価電子数のグラフ
　　　は | 1 ★★ |，イオン化エネルギーのグラフは | 2 ★★★ |，
　　　電気陰性度のグラフは | 3 ★★ | となる。

(1) ④
(2) ②
(3) ⑤

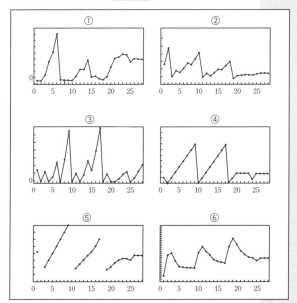

（岐阜大）

〈解説〉①は融点のグラフ，③は電子親和力のグラフ，⑥は原子半
　　　径のグラフとなる。

金属・非金属の単体と化合物

1 金属元素の単体と化合物　　　▼ ANSWER

1 族

□**1** アルカリ金属は，周期表の第 $\boxed{1\,\text{★★★}}$ 族に属する。水素を除き，原子番号の小さい順に，$\boxed{2\,\text{★★}}$ ，ナトリウム，カリウム，ルビジウム，$\boxed{3\,\text{★}}$ が該当する。　（信州大）
★★

(1) 1
(2) リチウム Li
(3) セシウム Cs

□**2** アルカリ金属は天然には単体として存在しないため $\boxed{1\,\text{★★}}$ によってつくられる。　（熊本大）
★★

(1) 溶融塩電解
　　[例融解塩電解]

□**3** アルカリ金属の単体は，他の多くの金属にくらべて密度が $\boxed{1\,\text{★★}}$ く，融点が $\boxed{2\,\text{★★}}$ い。　（防衛大）
★★

(1) 小さ
(2) 低

□**4** アルカリ金属の元素は1原子あたり $\boxed{1\,\text{★★}}$ 個の電子を放出して，安定な貴ガス型の電子配置をとりやすいので，小さな $\boxed{2\,\text{★★★}}$ をもつ。周期表で下にある元素ほど $\boxed{2\,\text{★★★}}$ が $\boxed{3\,\text{★★}}$ ので，反応性が高い。　（北海道大）
★★★

(1) 1
(2) (第一) イオン
　　化エネルギー
(3) 小さい

□**5** アルカリ金属は1個の $\boxed{1\,\text{★★★}}$ を有し，1価の陽イオンになりやすい。その単体は水と常温で激しく反応して $\boxed{2\,\text{★★}}$ を発生し，水酸化物になる。　（滋賀医科大）
★★★

〈解説〉例 $2Na + 2H_2O \longrightarrow 2NaOH + H_2$

(1) 最外殻電子
　　[例価電子]
(2) 水素 H_2

□**6** リチウム，ナトリウム，カリウムの単体は空気中ですみやかに酸化され，また水と激しく反応する。このような反応性は $\boxed{1\,\text{★★}}$ の順で高くなる。リチウム，ナトリウム，カリウムの単体の融点は $\boxed{2\,\text{★}}$ の順で高くなる。また，第一イオン化エネルギーは $\boxed{3\,\text{★★★}}$ の順で大きくなり，1価の陽イオンのイオン半径は $\boxed{4\,\text{★}}$ の順で大きくなるが，イオン化傾向は $\boxed{5\,\text{★★}}$ の順で大きくなる。　（奈良女子大）
★★

〈解説〉$_3Li^+$　K(2)，　$_{11}Na^+$　K(2)L(8)，　$_{19}K^+$　K(2)L(8)M(8)

(1) Li<Na<K
(2) Li>Na>K
(3) Li>Na>K
(4) Li^+<Na^+<K^+
(5) Li>K>Na

□7 ★★★ アルカリ金属は空気中の酸素や水と反応しやすいため，その保存は [1★★★] の中で行われる。 （熊本大）

(1) 石油［[例]灯油］

□8 ★★ 水酸化ナトリウムの固体による水蒸気の吸収が進むと，水酸化ナトリウムの一部が水溶液になる。この変化を [1★★] とよぶ。 （金沢大）

(1) 潮解

□9 ★★ 水酸化ナトリウム水溶液は強い [1★★★] を示し，皮膚や粘膜を侵し，空気中の [2★★] を吸収して白色の [3★] を生じる。 （東海大）

(1) 塩基性［[例]アルカリ性］
(2) 二酸化炭素 CO_2
(3) 炭酸ナトリウム Na_2CO_3

□10 ★★ 炭酸ナトリウム十水和物の結晶を乾燥空気中に放置すると，[1★] が失われ，結晶はやがて砕けて白色の粉末になる。このような現象を [2★★] という。 （滋賀医科大）

〈解説〉 $Na_2CO_3 \cdot 10H_2O \longrightarrow Na_2CO_3 \cdot H_2O$ （風解）

(1) 結晶水［[例]水和水］
(2) 風解

□11 ★★★ 炭酸水素ナトリウムは重曹とも呼ばれ，ベーキングパウダー（ふくらし粉）や医薬品などに利用されている。炭酸水素ナトリウム水溶液の液性は，弱い [1★★] 性を示す。炭酸水素ナトリウムは，加熱することにより熱分解し，主生成物として [2★★★] が得られ，副生成物として水と二酸化炭素が生じる。 （福島大）

〈解説〉加熱すると気体を発生するので，ベーキングパウダーとして調理に用いられる。

$$2NaHCO_3 \xrightarrow{\text{加熱}} Na_2CO_3 + CO_2 + H_2O$$

(1) 塩基
(2) 炭酸ナトリウム Na_2CO_3

2族

□12 ★★★ 2族元素の原子は，いずれも2個の [1★★★] をもち，2価の陽イオンになりやすい。2族元素（ベリリウム，[2★★]，カルシウム，ストロンチウム，[3★★]，ラジウム）を総称して [4★★★] という。ベリリウムと [2★★] を除く [4★★★] の単体は，常温で水と反応して気体の [5★★] を発生し，強塩基性の [6★] を生じる。ベリリウムと [2★★] は他の [4★★★] と性質が異なる。 （神奈川大〈改〉）

〈解説〉[例] $Ca + 2H_2O \longrightarrow Ca(OH)_2 + H_2$

(1) 最外殻電子［[例]価電子］
(2) マグネシウム Mg
(3) バリウム Ba
(4) アルカリ土類金属
(5) 水素 H_2
(6) 水酸化物

□13 ★★★
カルシウム，ストロンチウム，バリウムは，特有の [1★★★] を示すため，[1★★★] はそれらの検出と確認に利用される。（大阪公立大）

〈解説〉Be や Mg は炎色反応を示さない。

(1) 炎色反応

□14 ★★
カルシウム Ca は，水と反応し [1★★] となり，これは消石灰ともよばれる。（早稲田大）

(1) 水酸化カルシウム $Ca(OH)_2$

□15 ★★
アルカリ土類金属は天然には単体として存在しないため，[1★★] によってつくられる。（熊本大）

(1) 溶融塩電解 [[別]融解塩電解]

□16 ★★
[1★★] を強熱すると炭酸ガスが発生し，[2★★] が生成する。[2★★] は一般に [3★★] といわれる。これに水を加えると発熱して消石灰になる。（岡山理科大）

〈解説〉$CaCO_3 \longrightarrow CaO + CO_2$（炭酸ガス）

$CaO + H_2O \longrightarrow Ca(OH)_2$（発熱する）
CaO：生石灰　$Ca(OH)_2$：消石灰

(1) 炭酸カルシウム $CaCO_3$
(2) 酸化カルシウム CaO
(3) 生石灰

□17 ★★★
消石灰は水にわずかに溶けて，その水溶液は [1★★★] 性を示す。この水溶液を一般に [2★★★] といい，これに炭酸ガスを吹き込むと [3★★] 色の沈殿 [4★★] が生成する。ここに，さらに炭酸ガスを吹き込むと [5★] が生成して，沈殿 [4★★] は溶解する。（岡山理科大）

〈解説〉消石灰 $Ca(OH)_2$

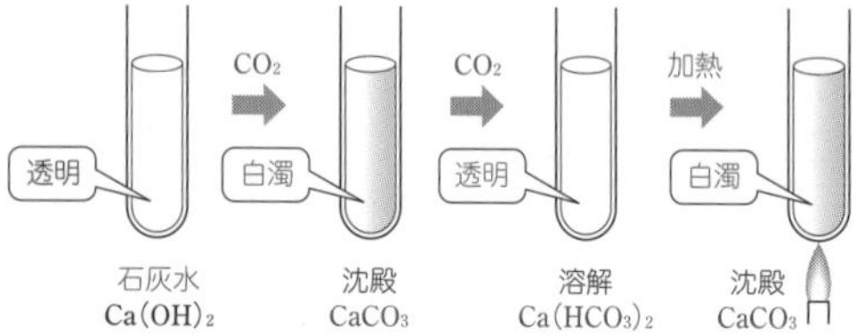

(1) (強)塩基 [[別](強)アルカリ]
(2) 石灰水
(3) 白
(4) 炭酸カルシウム $CaCO_3$
(5) 炭酸水素カルシウム $Ca(HCO_3)_2$

□18 ★★
[1★★] を 900℃以上に加熱することによって生じる酸化カルシウムは，乾燥剤などに用いられている。天然に存在する [2★★] は硫酸カルシウム二水和物が主成分であり，140℃に加熱すると [3★★] になる。（熊本大）

〈解説〉$CaCO_3 \longrightarrow CaO + CO_2$

$$CaSO_4 \cdot 2H_2O \underset{水}{\overset{加熱}{\rightleftarrows}} CaSO_4 \cdot \frac{1}{2}H_2O$$
セッコウ　　焼きセッコウ

(1) 炭酸カルシウム $CaCO_3$
(2) セッコウ $CaSO_4 \cdot 2H_2O$
(3) 焼きセッコウ $CaSO_4 \cdot \frac{1}{2}H_2O$

□**19**
★★★
　　1 ★★★ は X 線を透過させにくい性質をもつので，その硫酸塩は胃や腸の X 線撮影の造影剤に用いられている。　　　　　　　　　　　　　　　　　　　（横浜国立大）

(1) バリウム Ba

〈解説〉$BaSO_4$：消化管の X 線撮影の造影剤。

1・2 族以外の典型元素 （Al, Sn, Pb など）

□**20**
★★
　　アルミニウムは **1 ★★** 族に属する典型元素で，原子は **2 ★★** 個の価電子をもち，**2 ★★** 価の陽イオンになりやすい。アルミニウムは，単体として産出することはないが，化合物として鉱物や土壌中に広く分布する。地殻中では，酸素，**3 ★★** に次いで，3 番目に多く存在する元素である。　　　　　　　　　　（法政大）

(1) 13
(2) 3
(3) ケイ素 Si

〈解説〉地殻中：O（お）＞ Si（し）＞ Al（ある）＞ Fe（て）＞…

□**21**
★★
　　アルミニウムの単体は軽くて軟らかい金属であるが，アルミニウムと少量の銅などの合金は **1 ★★** とよばれ，軽量で機械的にも強いため，航空機の機体などに利用されている。　　　　　　　　　　　　（法政大）

(1) ジュラルミン

□**22**
★
　　表面を電気分解により酸化し，厚い酸化被膜をつけたアルミニウム製品は **1 ★** と呼ばれる。（札幌医科大）

(1) アルマイト

□**23**
★
　　アルミニウムは，強熱すると多量の熱と光を発生して燃焼し，**1 ★** 色の酸化アルミニウム粉末になる。この反応は，**2 ★** のように表せる。（豊橋技術科学大）

(1) 白（はく）
(2) $4Al + 3O_2$
　 $\longrightarrow 2Al_2O_3$

□**24**
★
　　アルミニウムの粉末と酸化鉄 (Ⅲ) の粉末を混合して点火すると，激しく反応し，融解した鉄を生じ，溶接の分野で利用されている。この反応は一般的に **1 ★** 法とよぶ。　　　　　　　　　　　　　　　（高知大）

(1) テルミット

〈解説〉$Fe_2O_3 + 2Al \longrightarrow 2Fe + Al_2O_3$ の反応が起こる。

□**25**
★
　　酸化アルミニウム Al_2O_3 はアルミナとよばれ，工業的に重要な化合物である。宝石としても，赤色が特徴的な **1 ★** や，青色のサファイアは，微量の不純物元素を含む酸化アルミニウムの結晶で，きわめて硬く，酸や塩基にほとんど溶けない。　　　　　　　　（法政大）

(1) ルビー

□ **26**
★★
硫酸アルミニウム水溶液と硫酸カリウム水溶液の混合溶液を濃縮して作られる化合物は，食品添加物などとして用いられ，　1 ★★　と呼ばれる。　　(宇都宮大)

〈解説〉硫酸アルミニウム $Al_2(SO_4)_3$，硫酸カリウム K_2SO_4

(1) ミョウバン $AlK(SO_4)_2 \cdot 12H_2O$

□ **27**
★★
　1 ★★★　族元素の Al は酸の水溶液にも強塩基の水溶液にも反応しそれぞれ塩をつくるので　2 ★★★　金属とよばれ，また，Ga は窒素と化合して　3 ★　の材料として使われている。一般に同じ族の元素は周期表の下に行くにつれて金属性が　4 ★　する。新元素 Nh はウランなどのアクチノイド元素よりも重い元素であるため超アクチノイド元素，または超重元素とよばれることがある。これらの元素は　5 ★　で寿命が短い人工元素であるため化学的性質についてはまだよく分かっていない。　　(金沢大)

〈解説〉13 族元素：B，Al，Ga，In，Tl，Nh (ニホニウム)

(1) 13
(2) 両性(りょうせい)
(3) 半導体[⑩青色(あおいろ)発光ダイオード，青色(あおいろ) LED]
(4) 増大(ぞうだい)
(5) 放射性(ほうしゃせい)

発展 □ **28**
★
　1 ★　は人類が最も古くから利用している金属の一つである。青銅はこの元素と銅との合金であり，はんだはこの元素と鉛との合金である。この元素の単体は室温では展性，延性に富む金属であり，酸とも強塩基とも反応する性質をもっている。　　(名古屋大)

〈解説〉青銅 Sn － Cu，はんだ Sn － Pb (➡現在では無鉛はんだ Sn － Ag － Cu を用いる)
　　　　両性金属：Al，Zn，Sn，Pb など

(1) スズ Sn

□ **29**
★★
　1 ★★　は二次電池の電極や放射線の遮蔽材(しゃへいざい)などとして用いられる。　1 ★★　の化合物には，毒性を示すものが多い。　　(共通テスト)

(1) 鉛(なまり) Pb

遷移元素 (Fe，Cu，Ag，Zn など)

□ **30**
★★
周期表で　1 ★★　族から　2 ★★　族の元素は遷移元素とよばれ，日常生活で重要なものが多い。　　(同志社大)

(1) 3
(2) 12

□ **31**
★
典型元素と異なり，遷移元素では周期表の隣接する　1 ★　の元素で性質が類似することも多い。(三重大)

(1) 左右(さゆう)

□**32** 鉄は，赤鉄鉱 Fe_2O_3 や磁鉄鉱 Fe_3O_4 を，溶鉱炉中で高
★★ 温のコークスから発生する一酸化炭素で還元して製造
する。溶鉱炉で得られる鉄は ⌈1 ★★⌉ といい，さまざ
まな不純物を含んでおり，もろい。転炉で ⌈1 ★★⌉ に
酸素を吹き込み不純物を除くと，硬くて強い ⌈2 ★★⌉
が得られる。
(静岡大)

(1) 銑鉄
(2) 鋼

□**33** 金属は，使用しているうちに表面からさびる。鉄は，
★★ 空気中の酸素や水と反応して ⌈1 ★⌉ 色のさびを生
じる。鉄のさびにはこのほかに，化学式 Fe_3O_4 で示さ
れる主成分からなる ⌈2 ★★⌉ 色のさびがある。缶詰の
缶に使われるブリキは，鉄の表面にさびにくい金属で
ある ⌈3 ★★⌉ をめっきしたものである。建材などに使
われるトタンは，鉄より酸化されやすい ⌈4 ★★⌉ を
めっきしたものである。
(島根大)

(1) 赤褐
(2) 黒
(3) スズ Sn
(4) 亜鉛 Zn

□**34** 銅の単体は，赤みを帯びた軟らかい金属である。熱伝
★★★ 導率(熱の伝わりやすさ)と電気伝導率(電気の伝わり
やすさ)は，金属の中では，⌈1 ★★⌉ に次いで大きく，展
性や延性も ⌈2 ★★⌉ や，⌈1 ★★⌉ に次いで大きいため，
銅は電線などの電気材料に広く用いられている。
　銅を 1000℃ 以下で空気中で加熱すると黒色の
⌈3 ★★★⌉ となり，1000℃ 以上の高温で加熱すると赤色
の酸化物 ⌈4 ★★★⌉ となる。
(法政大)

(1) 銀 Ag
(2) 金 Au
(3) 酸化銅(Ⅱ) CuO
(4) 酸化銅(Ⅰ) Cu₂O

□**35** ⌈1 ★★⌉ の電気伝導性，熱伝導性はすべての金属元素
★★ の単体の中で最大である。⌈1 ★★⌉ のイオンは，抗菌
剤に用いられている。
(共通テスト)

(1) 銀 Ag

□**36** 亜鉛は 12 族に属する ⌈1 ★★⌉ 元素である。
★★ (東京都立大)

(1) 遷移

□**37** 亜鉛は酸とも塩基とも反応する性質をもつ ⌈1 ★★★⌉
★★ 金属として知られている。亜鉛の酸化物も単体の亜鉛
と同様に ⌈1 ★★★⌉ を示し，⌈2 ★⌉ 色の顔料として用
いられる。水酸化亜鉛も ⌈1 ★★★⌉ を示し，過剰のアン
モニア水に溶ける。
(北海道大)

(1) 両性
(2) 白

〈解説〉Zn，ZnO，Zn(OH)₂ はいずれも両性。

2 非金属元素の単体と化合物

▼ANSWER

14族

☐1 ★
周期表の第14族には，炭素C，ケイ素Si，ゲルマニウムGe，スズSn，鉛Pbが並ぶ。このうち，炭素は非金属，スズと鉛は金属とみなされる。ケイ素とゲルマニウムは，非金属と金属の中間的な性質を示し，[1★]とよばれる。（九州大）

(1) 半金属［[別]半導体］

☐2 ★★★
炭素とケイ素は，[1★★]族の非金属元素である。これらの原子は，価電子を[2★★]個もち，[3★★★]結合により原子価が[2★★]価の化合物をつくる。（長崎大）

(1) 14
(2) 4
(3) 共有

☐3 ★★★
炭素の単体には，[1★★★]，[2★★★]，無定形炭素の3種類の[3★★★]が存在することが古くから知られている。[1★★★]は電気を通さないが，[2★★★]は電気を通す。上記の3種類のほかに，フラーレンやカーボンナノチューブも[3★★★]に加えられる。（九州大）

(1) ダイヤモンド
(2) 黒鉛［[別]グラファイト］
(3) 同素体

☐4 ★★
炭素が燃焼してできる気体には[1★★]と[2★★]がある。[1★★]は，動物の呼気にも含まれる。石油・天然ガスなどの大量消費による大気中の[1★★]の濃度の上昇が[3★]を引きおこすという説もある。（豊橋技術科学大）

(1) 二酸化炭素 CO_2
(2) 一酸化炭素 CO
(3) 地球温暖化

☐5 ★★
一酸化炭素は血液中のタンパク質である[1★★]と結合し，[2★★]を運搬する機能を失わせるため，人体に対する毒性が極めて大きい。（秋田大）

(1) ヘモグロビン
(2) 酸素 O_2

☐6 ★★
単体のケイ素は，天然には存在せず，二酸化ケイ素をコークスで還元してつくられる。ケイ素の結晶は，[1★★★]結合からなる結晶で，[2★]色の金属光沢をもち，[3★★]の原料であり，IC（集積回路）や太陽電池などに用いられている。（立命館大）

〈解説〉$SiO_2 + 2C \longrightarrow Si + 2CO$（2C：コークス）

(1) 共有
(2) 灰
(3) 半導体

□**7** 天然に産出する石英・水晶・ケイ砂などの成分である
★★ 二酸化ケイ素は，結晶中では，1個のケイ素原子を
[1 ★★] 個の酸素原子がとり囲み，ケイ素原子を中心
に [2 ★★] 構造をとり，酸素原子を共有してつながっ
た網目状の構造をもつ化合物である。　　　(奈良女子大)

(1) 4
(2) 正四面体

〈解説〉二酸化ケイ素 SiO₂ の構造

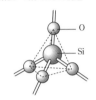

□**8** 無定形のケイ素酸化物は石英ガラスとよばれ，それを
★ 繊維化した [1 ★] は胃カメラや通信に用いられる。
　　　(滋賀医科大)

(1) 光(ひかり)ファイバー

□**9** ケイ酸ナトリウムに水を加えて長時間加熱すると，粘
★★ 性の大きい液体が得られる。これを [1 ★★] という。
この水溶液に塩酸を加えて中和すると，白色で無定形
のケイ酸が沈殿する。このケイ酸を加熱乾燥したもの
が [2 ★★] である。　　　(三重大)

(1) 水(みず)ガラス
(2) シリカゲル

〈解説〉

ケイ酸ナトリウム Na₂SiO₃ $\xrightarrow[\text{加熱}]{\text{水}}$ 水ガラス $\xrightarrow{\text{HCl}}$ ケイ酸 H₂SiO₃ $\xrightarrow{\text{加熱乾燥}}$ シリカゲル

（乾燥剤に使われる）

15 族

□**10** 周期表の 15 族に属する非金属元素には，窒素，リン，
★★ [1 ★] があり，窒素は L 殻，リンは M 殻，[1 ★] は
N 殻にいずれも [2 ★★] 個の最外殻電子をもってい
る。窒素とリンはカリウムと合わせて植物の生育に必
要な肥料の三要素として知られ，水素，酸素，ハロゲ
ンとさまざまな化合物を形成する。　　　(奈良女子大)

(1) ヒ素(ひ) As
(2) 5

〈解説〉肥料の三要素… N・P・K の 3 元素

□**11** ★★ 窒素の単体は0℃，1.013×10^5Pa（標準状態）で二原子分子 N_2 からなる無色無臭の気体で，空気中に体積比で [1★★] %（2ケタ）存在している。工業的には主に液体空気の分留で得られる。液体窒素は冷却剤として使われている。（宮崎大）

(1) 7.8×10
[[別]78]

□**12** ★★ アンモニアは，工業的には [1★★] 法によって窒素と水素から直接合成される。実験室では塩化アンモニウムと水酸化カルシウムの混合物を加熱して発生させ，[2★★] 置換によって捕集する。（奈良女子大）

〈解説〉$N_2 + 3H_2 \rightleftarrows 2NH_3$（ハーバー・ボッシュ法）
$2NH_4Cl + Ca(OH)_2 \longrightarrow 2NH_3 + 2H_2O + CaCl_2$

(1) ハーバー・ボッシュ
[[別]ハーバー]
(2) 上方（じょうほう）

□**13** ★ 気体のアンモニアは [1★] と反応して白煙を生じる。この反応はアンモニアの検出に用いられる。（東京都市大）

〈解説〉$NH_3 + HCl \longrightarrow NH_4Cl$（白煙）

(1) 塩化水素（えんかすいそ） HCl

□**14** ★ アンモニアを二酸化炭素と高温，高圧で反応させると [1★] が生成するが，[1★] は塩化アンモニウム，硝酸アンモニウム，硫酸アンモニウムなどとともに窒素肥料として用いられる。（奈良女子大）

〈解説〉アンモニアは肥料の原料になる。
$2NH_3 + CO_2 \longrightarrow (NH_2)_2CO + H_2O$

(1) 尿素（にょうそ）
$(NH_2)_2CO$

□**15** ★ 窒素の酸化物としては一酸化窒素や二酸化窒素などがあり，これらはいずれも常温で気体である。二酸化窒素は常温以上では二量化しやすく，一部は無色の [1★] に変化する。（奈良女子大）

〈解説〉NO は，無色の気体。
$2NO_2 \rightleftarrows N_2O_4$
赤褐色　　無色

(1) 四酸化二窒素（しさんかにちっそ）
N_2O_4

□**16** ★ 硝酸は肥料，染料，医薬品，火薬などの製造に使われており，工業的にはオストワルト法によってアンモニアを酸化して製造され，実験室では硝酸カリウムに [1★] を加えて得ることができる。硝酸は [2★] や熱によってその一部が分解するので，褐色びんに入れて冷暗所で保存する。（奈良女子大）

〈解説〉$KNO_3 + H_2SO_4 \longrightarrow HNO_3 + KHSO_4$

(1) 濃硫酸（のうりゅうさん） H_2SO_4
(2) 光（ひかり）

□17 ★★★

リンの単体には黄リンや赤リンがある。黄リンは [1★★] 個のリン原子からなる無極性分子で，一つのリン原子は [2★★] 個の [3★★] 結合を形成し，正四面体の立体構造をとる。黄リンはきわめて毒性が強く，空気中で自然発火するので [4★★★] 中に保存する。一方，赤リンは多数のリン原子が [3★★] 結合で結ばれた網目状構造をもつ。黄リンと赤リンは互いに [5★★★] の関係にあり，黄リンを空気を断って 250℃ に熱すると赤リンが生じる。（奈良女子大）

〈解説〉黄リン P_4

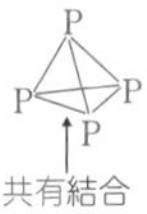

赤リン P

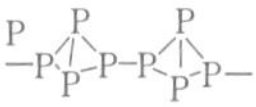

(1) 4
(2) 3
(3) 共有（きょうゆう）
(4) 水（すい）
(5) 同素体（どうそたい）

□18 ★★

黄リンや赤リンを空気中で燃焼させると [1★] 色の十酸化四リンの粉末が得られる。これは吸湿性が高いため，乾燥剤や脱水剤として用いられる。十酸化四リンと水との反応で生じるリン酸は [2★★] 価の酸で，水溶液中では硝酸よりも [3★★] い酸性を示す。（奈良女子大）

〈解説〉$P_4O_{10} + 6H_2O \xrightarrow{\text{加熱}} 4H_3PO_4$（リン酸）

(1) 白（はく）
(2) 3
(3) 弱（よわ）

16 族

□19 ★★★

酸素と硫黄は周期表 [1★★] 族の典型元素で，これらの原子はいずれも [2★★] 個の価電子をもち，電子を [3★★] 個取り入れて [3★★] 価の陰イオンになりやすい。単体の酸素には，酸素分子 (O_2) と [4★★★] の [5★★★] があり，単体の硫黄には斜方硫黄や [6★★] などの [5★★★] がある。（群馬大）

(1) 16
(2) 6
(3) 2
(4) オゾン O_3
(5) 同素体（どうそたい）
(6) 単斜硫黄（たんしゃいおう）
[別ゴム状硫黄（じょういおう）]

□20 ★★

硫黄には斜方硫黄，単斜硫黄などの [1★★★] がある。斜方硫黄，単斜硫黄は固体状態では [2★] 個の原子が環状に結合している。（京都産業大）

〈解説〉斜方硫黄 S_8

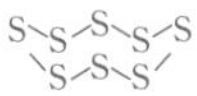

単斜硫黄 S_8

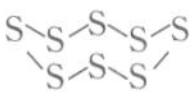

ゴム状硫黄 S_n

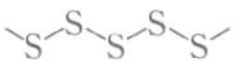

(1) 同素体（どうそたい）
(2) 8

□21
★★
硫黄は空気中で点火すると，青い炎をあげて燃え，$\boxed{1 \star\star}$ を生じる。
(大阪公立大)

〈解説〉$S + O_2 \longrightarrow SO_2$

(1) 二酸化硫黄
SO_2

□22
★★
硫化鉄(II)に希硫酸または希塩酸を加えると，$\boxed{1 \star\star}$ を生じる。$\boxed{1 \star\star}$ は火山ガスなどに含まれ，無色の有毒な気体で腐卵臭がある。
(静岡大)

〈解説〉$FeS + H_2SO_4 \longrightarrow H_2S + FeSO_4$
$FeS + 2HCl \longrightarrow H_2S + FeCl_2$

(1) 硫化水素 H_2S

□23
★★
酸素の $\boxed{1 \star\star\star}$ であるオゾン (O_3) は，常温常圧では薄青色の気体である。オゾンは分解して $\boxed{2 \star\star}$ に変わりやすく，強い $\boxed{3 \star\star}$ 作用を示す。この性質は，水道水の浄化，滅菌，脱臭処理などに利用されている。また，大気上層にあるオゾン層は，太陽光に含まれる $\boxed{4 \star}$ のうち生物に有害な波長の光を吸収する。オゾンを合成するには，空気に $\boxed{4 \star}$ を照射する方法や，空気中で低温の放電をおこす方法が用いられている。
(上智大)

〈解説〉$3O_2 \xrightarrow{\text{紫外線／放電}} 2O_3$

(1) 同素体
(2) 酸素 O_2
(3) 酸化
(4) 紫外線

17族・18族

□24
★★★
$\boxed{1 \star\star}$ 族に属する元素をハロゲン元素という。この元素は $\boxed{2 \star\star\star}$ 個の価電子をもち，1価の陰イオンになりやすい。ハロゲン元素の単体はすべて $\boxed{3 \star\star}$ 原子分子であり，有色で強い毒性をもつ。
(群馬大)

(1) 17
(2) 7
(3) 二

□25
★★
17族元素は $\boxed{1 \star\star\star}$ と総称され，$\boxed{2 \star\star}$，塩素，$\boxed{3 \star\star}$，$\boxed{4 \star\star}$ などの元素が含まれている。$\boxed{2 \star\star}$ の単体は室温で $\boxed{5 \star}$ 色の気体，$\boxed{3 \star\star}$ の単体は室温で $\boxed{6 \star\star}$ 色の液体，$\boxed{4 \star\star}$ の単体は室温で $\boxed{7 \star}$ 色の固体である。
(大阪歯科大)

〈解説〉塩素 Cl の単体 Cl_2 は室温で黄緑色の気体である。

(1) ハロゲン
(2) フッ素 F
(3) 臭素 Br
(4) ヨウ素 I
(5) 淡黄
(6) 赤褐
(7) 黒紫

□**26** ハロゲン単体の酸化力の強さは原子番号が $\boxed{1\ \star}$ ほ
★　 ど強く，水素とは原子番号が $\boxed{2\ \star}$ ほど反応しにく
　　 い。　　　　　　　　　　　　　　　　　　　（大阪歯科大）

〈解説〉ハロゲン単体の酸化力：$F_2 > Cl_2 > Br_2 > I_2$

(1) 小さい
(2) 大きい

□**27** フッ素は，水と激しく反応して気体 $\boxed{1\ \star\star}$ を発生す
★★　 る。　　　　　　　　　　　　　　　　　　　（慶應義塾大）

〈解説〉$2F_2 + 2H_2O \longrightarrow 4HF + O_2$
　　　　HF は水に溶ける。

(1) 酸素 O_2

□**28** Cl_2 は水に少し溶け，一部は水と反応して $\boxed{1\ \star\star\star}$ と
★★　 塩化水素 HCl を生じる。この水溶液を塩素水とい
　　 う。$\boxed{1\ \star\star\star}$ は強い $\boxed{2\ \star}$ があるため，塩素水は殺
　　 菌や漂白に利用されている。　　　　　　　（大阪公立大）

〈解説〉$Cl_2 + H_2O \rightleftharpoons HCl + HClO$
　　　　　　　　　　　　塩素水

(1) 次亜塩素酸
　　 HClO
(2) 酸化力

□**29** $\boxed{1\ \star\star}$，$\boxed{2\ \star\star}$，Kr，Xe，Rn は共に最外殻電子
★★★　 の数が $\boxed{3\ \star\star\star}$ 個であり，He と合わせて貴ガスと呼
　　 ばれ，融点および沸点が低い特徴を持つ。このう
　　 ち $\boxed{2\ \star\star}$ は大気の約 1% を占め，大気中における存
　　 在率は N と O に次ぐ 3 番目である。N や O の単体が
　　 常温で N_2 や O_2 のような分子として存在するのに対
　　 し，貴ガスは $\boxed{4\ \star\star\star}$ 分子として存在する。（鹿児島大）

(1) ネオン Ne
(2) アルゴン Ar
(3) 8
(4) 単原子

□**30** Ne，Ar，Kr の沸点は $\boxed{1\ \star\star}$ の順で高くなる。
★★　 　　　　　　　　　　　　　　　　　　　　　（東京理科大）

(1) Ne ＜ Ar ＜ Kr

第 **05** 章

物質量と化学反応式

1 原子量・分子量・式量 ▼ ANSWER

■1 原子の質量は非常に小さくて扱いにくいため，そのま
★★ まの値ではなく，[1 ★★] を用いて表す。 (明治大)

(1) 相対質量 (の平均) [⑩原子量]

■2 表の値を用いてホウ
★★★ 素の原子量を求める
と [1 ★★★] (3ケタ)
となる。 (岩手大)

同位体	相対質量	天然存在比〔%〕
^{10}B	10.0	19.9
^{11}B	11.0	80.1

(1) 10.8

解き方
原子量は，同位体の存在を考慮した相対質量の平均値となるので，
$$10.0 \times \frac{19.9}{100} + 11.0 \times \frac{80.1}{100} \fallingdotseq 10.8$$

■3 分子やイオンなどの質量を比較するときにも，相対質
★★★ 量が用いられる。分子の相対質量の場合は，分子式に
含まれる元素の原子量の総和で表され，この値を分子
の [1 ★★★] という。イオンやイオンから成る物質，金
属の相対質量の場合は，イオンを表す化学式や組成式
に含まれる元素の原子量の総和で表され，この値をイ
オンを表す化学式や組成式の [2 ★★★] という。

(名城大)

(1) 分子量
(2) 式量

〈解説〉水 H_2O のような分子や塩化ナトリウム $NaCl$ のような「組
成式で表す物質」などは，それぞれ分子量や式量を使う。分
子量・式量は，それぞれ構成している原子の原子量の総和
を求める。

■4 塩素の原子量は 35.5 なので，塩素分子 Cl_2 の分子量
★★★ は [1 ★★★] (3ケタ) と計算することができる。(九州大)

(1) 71.0

解き方
分子量＝分子を構成している原子の原子量の総和なので，
分子量 ＝ $35.5 \times 2 = 71.0$

□ **5**
★★
式量ではなく分子量を用いるのが適当なものは
| 1 ★★ |。

① 水酸化ナトリウム　　② 黒鉛

③ 硝酸アンモニウム　　④ アンモニア

⑤ 酸化アルミニウム　　⑥ 金

(センター)

(1) ④

> **解き方**
>
> 式量……イオンやイオンからなる化合物, および金属のように分子を単位としない物質に用いる。
>
> 分子量…O_2 や H_2O などのように分子を単位とする物質に用いる。
>
> ① $Na^+ OH^-$ ➡ 式量　② C ➡ 式量　③ $NH_4^+ NO_3^-$ ➡ 式量
>
> ④ NH_3 ➡ 分子量　⑤ Al_2O_3(Al^{3+} と O^{2-} からなる)➡ 式量
>
> ⑥ Au ➡ 式量

05

物質量と化学反応式 **1** 原子量・分子量・式量

応用 □ **6**
★★
塩素の原子量を 35.5 とするとき, ^{35}Cl (相対質量 35.0) と ^{37}Cl (相対質量 37.0) の存在比($^{35}Cl : ^{37}Cl$) を最も単純な整数比としてあらわすと | 1 ★★★ | になる。また, 塩素分子 Cl_2 には質量の異なる 3 種類の分子が存在することになる。それぞれの分子の存在比を質量が小さいものを左から順に最も単純な整数比であらわすと | 2 ★ | になる。

(近畿大)

(1) 3 : 1

(2) 9 : 6 : 1

> **解き方**
>
> ^{35}Cl の存在比を a〔%〕とすると ^{37}Cl の存在比は $100 - a$〔%〕となり,
>
> $$35.0 \times \frac{a}{100} + 37.0 \times \frac{100 - a}{100} = 35.5$$
>
> から, $a = 75\%$ となる。
>
> よって, $^{35}Cl : ^{37}Cl = a : 100 - a = 75 : 25 = 3 : 1$
>
> 質量の異なる 3 種類の塩素分子 Cl_2 は, 質量が小さいものから順に,
>
> $^{35}Cl - ^{35}Cl$, 　$^{35}Cl - ^{37}Cl$, 　$^{37}Cl - ^{37}Cl$
>
> であり, それぞれの分子の存在比は,
>
> $^{35}Cl - ^{35}Cl$ が $\dfrac{3}{4} \times \dfrac{3}{4} = \dfrac{9}{16}$, 　$^{35}Cl - ^{37}Cl$ が $\dfrac{3}{4} \times \dfrac{1}{4} \underset{通り}{\times 2} = \dfrac{6}{16}$,
>
> $^{37}Cl - ^{37}Cl$ が $\dfrac{1}{4} \times \dfrac{1}{4} = \dfrac{1}{16}$ になるので,
>
> $$\underbrace{\frac{9}{16}}_{^{35}Cl-^{35}Cl} : \underbrace{\frac{6}{16}}_{^{35}Cl-^{37}Cl} : \underbrace{\frac{1}{16}}_{^{37}Cl-^{37}Cl} = 9 : 6 : 1$$

2 有効数字・単位と単位変換　　▼ ANSWER

□ **1**
★★
化学実験を行うにあたって，有効数字の取り扱いは非常に重要である。次の有効数字の桁数を答えよ。

(a) 0.0120 　1 ★★ 　ケタ

(b) 0.0012 　2 ★★ 　ケタ

(c) 1.20×10^5 　3 ★★ 　ケタ 　　　　　（関西学院大）

(1) 3
(2) 2
(3) 3

> 考え方
>
> $1\,m = 10^2\,cm$ のように，同じ量を2通りの単位で表現できるとき，$\dfrac{1\,m}{10^2\,cm}$ または $\dfrac{10^2\,cm}{1\,m}$ と表現し，どちらか必要な方を選択して単位ごとに計算する。
>
> 例 $5\,m$ を m から cm へ変換すると，
>
> $5\,\cancel{m} \times \dfrac{10^2\,cm}{1\,\cancel{m}} = 5 \times 10^2\,cm$ 　◀単位を記入して計算！

□ **2**
★★
$5\,t$ は 　1 ★★ 　g である。　　　　　（予想問題）

(1) 5×10^6

> 解き方
>
> $1\,t = 10^3\,kg$，$1\,kg = 10^3\,g$ なので，
>
> $5\,\cancel{t} \times \dfrac{10^3\,\cancel{kg}}{1\,\cancel{t}} \times \dfrac{10^3\,g}{1\,\cancel{kg}} = 5 \times 10^6\,g$ となる。

□ **3**
★★
$1\,cm^3 = $ 　1 ★★ 　mL となる。　　　　　（予想問題）

(1) 1

□ **4**
★★
$3\,m^3$ は 　1 ★★ 　L である。　　　　　（予想問題）

(1) 3×10^3

〈解説〉$1\,m^3 = 10^3\,L$ は覚えておきたい。

> 解き方
>
> $1\,m = 10^2\,cm$，$1\,cm^3 = 1\,mL$，$1\,L = 10^3\,mL$ なので，
>
> $3\,m^3 \times \left(\dfrac{10^2\,cm}{1\,m}\right)^3 \times \dfrac{1\,mL}{1\,cm^3} \times \dfrac{1\,L}{10^3\,mL}$
>
> $= 3\,\cancel{m^3} \times \dfrac{10^6\,\cancel{cm^3}}{1\,\cancel{m^3}} \times \dfrac{1\,\cancel{mL}}{1\,\cancel{cm^3}} \times \dfrac{1\,L}{10^3\,\cancel{mL}}$
>
> $= 3 \times 10^3\,L$ となる。

考え方

/（マイ）について

　km/h　つまり　/（マイ）という記号を見たら，

　　① 距離〔km〕÷時間〔h〕という式で求める

　　② 1 時間〔h〕あたり何 km 進むか

という 2 つのことを思いうかべる。

　化学計算では，いつも①と②を考えられるようにしておくこと。

5
★★★
アルミニウムの質量が 19g であり，その体積が 7.0cm³
であった。よって，アルミニウムの密度は 1 ★★★
g/cm³（2 ケタ）となる。　　　　　　　　　　　（予想問題）

(1) 2.7

解き方

　密度は g/cm³ とあるので，質量〔g〕÷体積〔cm³〕を求めればよい。

$$19g \div 7.0cm^3 = \frac{19g}{7.0cm^3} \fallingdotseq 2.7g/cm^3$$

6
★★
グリセリンの水溶液 120.1g は，25℃で密度が 1.12
g/cm³ であった。この水溶液の体積は 1 ★★ mL
（3 ケタ）となる。　　　　　　　　　　　　　　（予想問題）

(1) 107

解き方

　1cm³ = 1mL なので，

　　密度 1.12g/cm³ は，$\frac{1.12g}{1mL}$ または $\frac{1mL}{1.12g}$ と書ける。

　よって，この水溶液の体積は，

　　$120.1g \times \frac{1mL}{1.12g} \fallingdotseq 107mL$

となる。

3 物質量とアボガドロ定数

▼ANSWER

[1] ★★★ 1960年, 1961年の物理と化学の相次ぐ国際会議で12, 13, 14の3種の質量数の天然同位体が存在する [1★★★] 原子の同位体の1つである [2★★] を原子量の基準にすることが決定され, その値を [3★★] とした。そして, その基準となった [2★★] の [3★★] g中に含まれる原子の数を定数として [4★★★] (2ケタ)とし, それだけの原子や分子を含む物質の量を1モルとしたのである。 (香川大)

(1) 炭素(たんそ) C
(2) ^{12}C
(3) 12
(4) 6.0×10^{23}

〈解説〉^{12}C 原子1個の質量は, 2.0×10^{-23}g なので, 2.0×10^{-23}g/個と表すことができる。^{12}C 原子12g中に含まれる ^{12}C 原子の数は,

$$12g \div {}^{12}C\text{原子1個の質量} = 12g \div 2.0 \times 10^{-23}g/\text{個}$$

$$= 12\cancel{g} \times \frac{1\text{個}}{2.0 \times 10^{-23}\cancel{g}} = 6.0 \times 10^{23}\text{個}$$

となる。

[2] ★★ 1799年には, メートル原器とキログラム原器が作られ, その後, メートル条約の成立にともない, キログラム原器が作り直されたが, 100年間で質量に変動の兆候がみられた。人工物を質量の基準にしているため, これまでのアボガドロ数の定義, つまり「[1★★] 原子12g中に含まれる原子数」も, 厳密にはその変動の影響を受けることになる。 (慶應義塾大)

(1) ^{12}C

〈解説〉2019年に「1molは正確に $6.02214076 \times 10^{23}$ 個の構成粒子を含み, この値がアボガドロ定数(N_A)〔/mol〕となる」と再定義された。今後は, この新たなアボガドロ定数により1molは不確定さなく $6.02214076 \times 10^{23}$ 個の粒子の集団と定義される。

[3] ★★★ アボガドロ数個の同一種類の粒子集団を1molと表し, molを単位として表した粒子集団の量を [1★★★] という。 (京都薬科大)

(1) 物質量(ぶっしつりょう)

〈解説〉たくさんある鉛筆を1本ずつ数えるのではなく,「12本で1ダース」と数えるのと同じ要領で,「6.0×10^{23} 個を1モル〔mol〕」として扱う。
[例] 銅Cu, 水H_2O, 塩化ナトリウムNaClそれぞれ 6.0×10^{23} 個は, 1モル〔mol〕となる。

□ **4** 1mol あたりの粒子の数 6.0×10^{23}/mol または 6.0×10^{23} 個/mol を $\boxed{1 \star}$ といい, 記号 $\boxed{2 \star\star\star}$ で表す。
★★

(予想問題)

(1) アボガドロ定数
(2) N_A

□ **5** 物質を構成する粒子の質量は, 原子量, $\boxed{1 \star\star\star}$, あ
★★★
るいは $\boxed{2 \star\star\star}$ (順不同) の数値に質量を表す単位 g を
付けることで, 1mol あたりの質量となり, これをモ
ル質量 (単位は g/mol) という。0℃, 1.013×10^5Pa
(標準状態) における理想気体 1mol の体積は 22.4L で
ある。

(名城大)

(1) 分子量
(2) 式量

〈解説〉モル質量は, 原子量, 分子量, 式量の数値に単位〔g/mol〕
をつけたものになる。

例) Na の原子量は 23 なので, Na のモル質量は 23g/mol
CO_2 の分子量は 44 なので, CO_2 のモル質量は 44g/mol
NaCl の式量は 58.5 なので, NaCl のモル質量は 58.5g/mol
また, 物質量はモル質量を用いて次のように求められる。

$$\frac{物質の質量〔g〕}{モル質量〔g/mol〕} = 物質量〔mol〕$$

単位に注目すると, $\dfrac{g}{g/mol} = g \div \dfrac{g}{mol} = \cancel{g} \times \dfrac{mol}{\cancel{g}} = mol$

□ **6** 物質 1mol の質量は, 原子量, 分子量, 式量に $\boxed{1 \star\star}$ 単
★★
位をつけたものである。

(北見工業大)

(1) グラム g

□ **7** ヘリウム原子 1 個の質量は $\boxed{1 \star\star}$ g。He = 4.0, ア
★★
ボガドロ定数 6.0×10^{23}/mol

(1) ①

① 6.7×10^{-24} ② 7.5×10^{-24}
③ 1.3×10^{-23} ④ 1.5×10^{-23}

(センター)

解き方
　原子 1 個あたりの質量〔g〕を求めるので, g ÷ 個を計算すればよい。ヘ
リウム He の原子量 = 4.0 より,

He 1mol は, $\begin{cases} 4.0\text{g} \\ 6.0 \times 10^{23} \text{個} \end{cases}$ なので,

$4.0\text{g} \div (6.0 \times 10^{23})\text{個} = \dfrac{4.0\text{g}}{6.0 \times 10^{23} \text{個}} ≒ 6.7 \times 10^{-24}\text{g/個}$

□ **8**
★★★

アボガドロの法則によれば 1mol の気体は 0℃，1.013 × 10⁵Pa の状態で，その種類に関係なく，22.4L を占め，アボガドロ定数個の分子を含んでいる。この 0℃，1.013 × 10⁵Pa の状態を ┃ 1 ★ ┃ という。また，0℃，1.013 × 10⁵Pa の状態で 22.4L を占める気体の質量はその気体の ┃ 2 ★★ ┃ にグラムをつけた値に等しい。

(東京都市大)

(1) 標準状態
(2) 分子量

〈解説〉物質 1mol の占める体積をモル体積といって，0℃，1.013 × 10⁵Pa（標準状態）では気体の種類に関係なく 22.4 に単位〔L/mol〕をつけたものになる。

圏 ヘクト h は，10² を表すので，

$$1.013 \times 10^5 \text{Pa} = 1.013 \times 10^3 \times 10^2 \text{Pa}$$
$$= 1013 \times 10^2 \text{Pa} = 1013 \text{hPa}$$

と表すこともできる。

□ **9**
★★★

表の窒素および二酸化炭素の質量から，窒素および二酸化炭素の分子量は ┃ 1 ★★★ ┃，┃ 2 ★★★ ┃ （それぞれ 3 ケタ）となる。ただし，これらの気体は理想気体であるとする。

(東京大)

(1) 28.0
(2) 45.6

表 0℃，1.013 × 10⁵Pa（標準状態）
における 28.0L の気体の質量

窒素	35.0g
二酸化炭素	57.0g

解き方

0℃，1.013 × 10⁵Pa（標準状態）で 1mol の気体の体積は，その種類に関係なく 22.4L なので，

$$N_2 : \frac{35.0\text{g}}{28.0L} \times \frac{22.4L}{1\text{mol}} = 28.0\text{g/mol}$$

$$CO_2 : \frac{57.0\text{g}}{28.0L} \times \frac{22.4L}{1\text{mol}} = 45.6\text{g/mol}$$

□ **10**
★★

常温・常圧での密度は，二酸化炭素の方がメタンより ┃ 1 ★★ ┃ い。

H = 1.0，C = 12，O = 16

(共通テスト)

(1) 大き

〈解説〉同温・同圧では，気体の密度と分子量は比例する。

$CO_2 = 44$ の方が $CH_4 = 16$ より分子量が大きいので，密度も大きくなる。

□11 ★★ 0℃，1.013×10^5Pa（標準状態）におけるアセチレン C_2H_2 の密度は [1 ★★] g/mL（2 ケタ）となる。ただし，アセチレン C_2H_2 は理想気体として扱う。
H = 1.0，C = 12.0 （東京農工大）

(1) 1.2×10^{-3}

解き方

C_2H_2 = 26.0 より，

C_2H_2 1mol は，$\begin{cases} 26.0\text{g} \\ 22.4\text{L} \end{cases}$（0℃，$1.013 \times 10^5$Pa（標準状態））なので，

$$\frac{26.0\text{g}}{22.4\cancel{\text{L}} \times \frac{10^3\text{mL}}{1\cancel{\text{L}}}} \fallingdotseq 1.2 \times 10^{-3}\text{g/mL}$$

□12 ★★★ 天然ガスは，[1 ★★★] を主成分とする混合気体で，石油や石炭に比べるとクリーンな燃料である。このような混合気体では，気体を構成する成分の比を使って平均した分子量を考えると便利である。これを [2 ★★] という。混合気体は，[2 ★★] をもつ単一成分の気体と同じように扱うことができる。 （熊本大）

(1) メタン CH_4
(2) 平均分子量（へいきんぶんしりょう）
[[別]見かけの分子量（みかけのぶんしりょう）]

[応用] □13 ★★ 空気が，酸素と窒素のモル比 1：4 で混合した理想気体であるとするなら，0℃，1.013×10^5Pa（標準状態）での空気 22.4L の重さを有効数字 3 桁で表すと，[1 ★★] g となる。この場合，[1 ★★] は空気の見かけの [2 ★★] として扱うことができる。
N = 14.0，O = 16.0 （横浜国立大）

(1) 28.8
(2) 分子量（ぶんしりょう）

解き方

酸素 O_2 のモル質量は 32.0g/mol，窒素 N_2 のモル質量は 28.0g/mol。
空気は，酸素と窒素が 1:4 のモル比で混合しているので，空気中の O_2 を x〔mol〕とおけば N_2 は $4x$ mol になる。よって，空気の見かけの分子量は，

$$\underbrace{\left\{\frac{32.0\text{g}}{1\cancel{\text{mol}}} \times x\,\cancel{\text{mol}}\right.}_{O_2\text{の質量〔g〕}} + \underbrace{\left.\frac{28.0\text{g}}{1\cancel{\text{mol}}} \times 4x\,\cancel{\text{mol}}\right\}}_{N_2\text{の質量〔g〕}} \div \underbrace{\{x\,\text{mol} + 4x\,\text{mol}\}}_{O_2\text{と}N_2\text{の物質量〔mol〕}}$$

$$= \frac{32.0x + 28.0 \times 4x\ \text{g}}{x + 4x\ \text{mol}}$$

$$= 32.0 \times \frac{1}{5} + 28.0 \times \frac{4}{5} = 28.8\text{g/mol}$$

から 28.8 となる。

応用 □ **14**
★
ステアリン酸をベンゼンに溶かした溶液を水面に滴下すると，ベンゼンが蒸発して単分子膜（分子が重なっていない分子の厚みの膜）ができる。

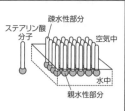

ステアリン酸 w 〔g〕をベンゼンに溶かして 100mL の溶液をつくり，水の入った水槽にその溶液を v 〔mL〕滴下したところ，単分子膜ができた。

ただし，分子間のすき間はないと仮定し，単分子膜の面積を S_a 〔cm²〕，ステアリン酸 1 分子が水面上で占有する面積を S_1 〔cm²〕，ステアリン酸のモル質量を M 〔g/mol〕とする。

この実験からアボガドロ定数〔/mol〕を求めると
　1 ★　となる。

(同志社女子大)

$(1) \dfrac{100MS_a}{S_1 vw}$

解き方

ベンゼン溶液 v 〔mL〕中に含まれるステアリン酸の物質量〔mol〕は，

$$w \, g \times \frac{1\,mol}{M \, g} \times \frac{v}{100}$$

　〔mol〕　　　　〔mol〕
ベンゼン溶液 100mL 中　　ベンゼン溶液 v mL 中
のステアリン酸〔mol〕　　のステアリン酸〔mol〕

であり，単分子膜をつくっているステアリン酸〔個〕はアボガドロ定数
　　　書き加えて考える
を N_A 〔個 /mol〕とすると，

$$w \times \frac{1}{M} \times \frac{v}{100} \, mol \times \frac{N_A 個}{1\,mol} \quad \cdots ①$$

と表せる。ここで，ステアリン酸1分子が水面上で占有する面積は S_1 〔cm²/個〕と表せるので単分子膜をつくっているステアリン酸〔個〕は，

$$S_a \, cm^2 \div S_1 \, cm^2/1個 = S_a \, cm^2 \times \frac{1個}{S_1 \, cm^2} \quad \cdots ②$$

とも表せる。よって，① = ②となり，

$$w \times \frac{1}{M} \times \frac{v}{100} \times N_A = \frac{S_a}{S_1}$$

$$N_A = \frac{100MS_a}{S_1 vw}$$

4 物質量の計算

▼ ANSWER

□**1** アルミニウム 15.0g に含まれるアルミニウム原子の数
★ は $\boxed{1 \star}$ （2ケタ）。アボガドロ定数 6.0×10^{23}/mol，
Al = 27

(1) 3.3×10^{23}（個）

（東京理科大）

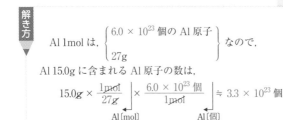

解き方
Al 1mol は，$\begin{cases} 6.0 \times 10^{23} \text{ 個の Al 原子} \\ 27g \end{cases}$ なので，

Al 15.0g に含まれる Al 原子の数は，

$$15.0g \times \underbrace{\frac{1\text{mol}}{27g}}_{\text{Al〔mol〕}} \times \underbrace{\frac{6.0 \times 10^{23} \text{ 個}}{1\text{mol}}}_{\text{Al〔個〕}} \fallingdotseq 3.3 \times 10^{23} \text{ 個}$$

□**2** 銀の密度は 10.5g/cm^3 である。体積 50.0cm^3 の銀のか
★★ たまりの中に銀原子が $\boxed{1 \star\star}$ 個（2ケタ）ある。Ag =
108，アボガドロ定数 6.0×10^{23}/mol

(1) 2.9×10^{24}

（福井工業大）

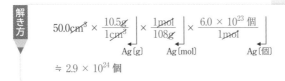

解き方
$$50.0\text{cm}^3 \times \underbrace{\frac{10.5g}{1\text{cm}^3}}_{\text{Ag〔g〕}} \times \underbrace{\frac{1\text{mol}}{108g}}_{\text{Ag〔mol〕}} \times \underbrace{\frac{6.0 \times 10^{23} \text{ 個}}{1\text{mol}}}_{\text{Ag〔個〕}}$$

$\fallingdotseq 2.9 \times 10^{24}$ 個

□**3** 昭和 34 年から発行されている 10 円硬貨は，1 枚の質
★ 量が 4.50g である。この硬貨は銅と少量の亜鉛および
スズとからできており，銅の含有率は 95.0%である。し
たがって，この硬貨 1 枚には $\boxed{1 \star}$ 個（3ケタ）の銅
原子が含まれていることになる。Cu = 63.5，アボガ
ドロ定数 6.02×10^{23}/mol

(1) 4.05×10^{22}

（近畿大）

解き方
$$4.50g \times \underbrace{\frac{95.0g}{100g}}_{\text{Cu の質量〔g〕}} \times \underbrace{\frac{1\text{mol}}{63.5g}}_{\text{Cu〔mol〕}} \times \underbrace{\frac{6.02 \times 10^{23} \text{ 個}}{1\text{mol}}}_{\text{Cu〔個〕}}$$
$\uparrow$ 10 円の質量〔g〕

$\fallingdotseq 4.05 \times 10^{22}$ 個

□ **4**
★★
4.20g の Kr は，0℃，1.013×10^5Pa で $\boxed{1 \star\star}$ L
(3ケタ) になる。Kr = 84.0

(1) 1.12

(共通テスト)

> **解き方**
>
> 気体のモル体積は，0℃，1.013×10^5Pa (標準状態) で 22.4L/mol。
> 貴ガスであるクリプトン Kr は単原子分子として存在しており，その
> モル質量は 84.0g/mol なので，
>
> $$4.20g \times \frac{1mol}{84.0g} \times \frac{22.4L}{1mol} = 1.12L$$
>
> $\underset{\text{Kr[mol]}}{} \qquad \underset{\text{Kr[L]}}{}$

□ **5**
★
0℃，1.013×10^5Pa (標準状態) で，2.00L の質量が
15.0g の単一気体の分子量は $\boxed{1 \star}$ である。

①84.0　②126　③147　④168

(1) ④

(近畿大)

> **解き方**
>
> 気体のモル体積は，0℃，1.013×10^5Pa (標準状態) で 22.4L/mol なので，
>
> $$\frac{15.0g}{2.00L} \times \frac{22.4L}{1mol} = 168 \text{[g/mol]}$$

6
★★★

含まれる酸素原子の物質量が最も小さいものは

$\boxed{1 \text{★★★}}$ 。

(1) ②

H = 1.0, C = 12, O = 16

① 0℃, 1.013×10^5Pa の状態で体積は 22.4L の酸素
② 水 18g に含まれる酸素
③ 過酸化水素 1.0mol に含まれる酸素
④ 黒鉛 12g の完全燃焼で発生する二酸化炭素に含まれる酸素

(共通テスト)

解き方

① 気体のモル体積は，0℃, 1.013×10^5Pa（標準状態）で 22.4L/mol。酸素（分子）O_2 でなく，酸素原子 O の物質量〔mol〕を求める点に注意する。

$$22.4\cancel{L} \times \frac{1\text{mol}}{22.4\cancel{L}} \Big|_{O_2[\text{mol}]} \times 2 \Big|_{O[\text{mol}]} = 2\text{mol}$$

② 水 H_2O のモル質量は 18g/mol なので，

$$18\cancel{g} \times \frac{1\text{mol}}{18\cancel{g}} \Big|_{H_2O[\text{mol}]} \times 1 \Big|_{O[\text{mol}]} = 1\text{mol}$$

③ 過酸化水素の分子式は，H_2O_2。

$$1.0 \Big|_{H_2O_2[\text{mol}]} \times 2 \Big|_{O[\text{mol}]} = 2\text{mol}$$

④ 黒鉛 C のモル質量は 12g/mol なので，黒鉛 C 12g は

$$12\cancel{g} \times \frac{1\text{mol}}{12\cancel{g}} \Big|_{C[\text{mol}]} = 1\text{mol}$$

になる。黒鉛の完全燃焼の反応式 $1C + O_2 \rightarrow 1CO_2$ より，C 1mol から発生する CO_2 は 1mol とわかる。CO_2 1mol に含まれる酸素原子 O は

$$1 \Big|_{CO_2[\text{mol}]} \times 2 \Big|_{O[\text{mol}]} = 2\text{mol}$$

になる。

よって，② 1mol ＜ ① 2mol ＝ ③ 2mol ＝ ④ 2mol

5 溶液の濃度

□■1 塩化ナトリウム NaCl の結晶を水の中に入れると，結
★★★ 晶を形成しているナトリウムイオン Na^+ と塩化物イ
オン Cl^- は，水の中に入り込んで，最終的に均一な液
体になる。このような現象を　1 ★★　といい，　1 ★★
によって生じた均一な液体を溶液という。水のように，
他の物質を溶かす液体を　2 ★★★　とよび，塩化ナトリ
ウムのように　2 ★★★　に溶けた物質を溶質という。

(名古屋大)

(1) 溶解
(2) 溶媒

〈解説〉

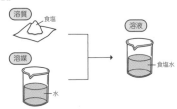

□■2 塩化ナトリウムが水に溶けると，ナトリウムイオン Na^+
★★★ と塩化物イオン Cl^- に分かれる。このように　1 ★★★
するときに　2 ★★★　が陽イオンと陰イオンに分かれる
ことを　3 ★★★　という。水に溶けて　3 ★★★　する物質
を　4 ★★★　といい，中でも塩化ナトリウムのように完
全に　3 ★★★　する物質は　5 ★　，酢酸のように溶け
た分子の一部しか　3 ★★★　しない物質は　6 ★　とよ
ばれる。それに対して，　3 ★★★　しない物質を　7 ★★
という。

(福井工業大)

(1) 溶解
(2) 溶質
(3) 電離
(4) 電解質
(5) 強電解質
(6) 弱電解質
(7) 非電解質

〈解説〉

$$NaCl \longrightarrow Na^+ + Cl^-$$
$$CH_3COOH \rightleftharpoons CH_3COO^- + H^+$$ ◀ 電解質

スクロース $C_{12}H_{22}O_{11}$ ◀ 非電解質

[発展] □3 ★★ 塩化ナトリウムの結晶は，水に溶けやすい。水中では，例えば Na^+ のまわりには，水分子内で [1★] の電荷をいくらか帯びた [2★★] 原子が引きつけられる。このようにイオンと極性をもつ水との間に引力がはたらき，イオンが水分子に囲まれる現象を [3★★★] といい，これによってイオンが溶液中に拡散する現象が溶解である。（名古屋大）

(1) 負 [[別]マイナス]
(2) 酸素 O
(3) 水和

〈解説〉塩化ナトリウムの水への溶解

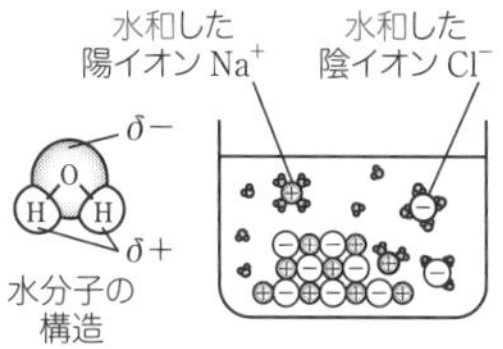
水和した
陽イオン Na+
水和した
陰イオン Cl−
δ−
O
H H
δ+
水分子の
構造

[発展] □4 ★★ 極性分子は水に溶解しやすいものが多い。例えば，エタノール C_2H_6O の分子には極性が大きい [1★★] 基と極性が小さい [2★] 基が存在するが，水分子と水素結合をつくり水和している。また，グルコース $C_6H_{12}O_6$ などの糖類も分子中に複数の [1★★] 基をもち，水に溶解しやすい。一般に [1★★] 基のように水和しやすい部分を [3★★] 基，[2★] 基のように水和しにくい部分を [4★★] 基という。（三重大）

(1) ヒドロキシ −OH
(2) エチル C_2H_5− [[別]アルキル，炭化水素]
(3) 親水
(4) 疎水 [[別]親油]

〈解説〉エタノール C_2H_5OH 分子

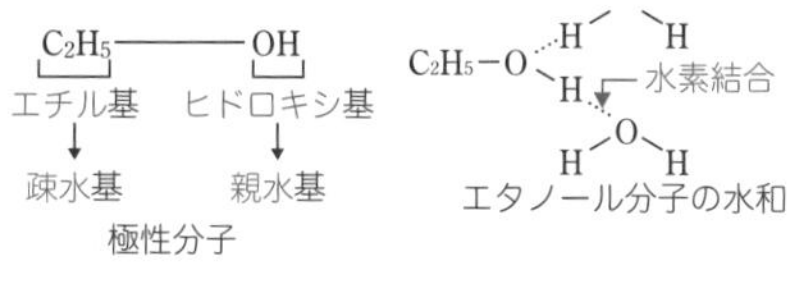
C2H5
OH
エチル基
ヒドロキシ基
疎水基
親水基
極性分子
C2H5−O
H
H
H
水素結合
O
H
H
エタノール分子の水和

□5 ★★★ 100g の水に 25.0g の砂糖を溶かした水溶液の質量パーセント濃度〔%〕は [1★★★] %となる。（北海道工業大）

(1) 20.0

解き方

$$質量パーセント濃度〔\%〕 = \frac{溶質の質量〔g〕}{溶液の質量〔g〕} \times 100\%$$

$$= \frac{25.0}{25.0 + 100} \times 100$$

$$= 20.0\%$$

□**6** モル濃度とは，溶液 1L 中の溶質の量を物質量 〔mol〕
★★★ で表した濃度で，次式で表される。

$$モル濃度 〔mol/L〕 = \frac{溶質の物質量 〔mol〕}{溶液の体積 〔L〕}$$

例えば，1.17g の塩化ナトリウムが溶けている
20.0mL の水溶液のモル濃度は，$\boxed{1 \text{★★★}}$ mol/L(2 ケ
タ)である。NaCl = 58.5

(名古屋大)

(1) 1.0

モル濃度の単位は mol/L なので，mol ÷ L を求める。
NaCl のモル質量は 58.5g/mol なので，

$$\underbrace{\left\{ 1.17g \times \frac{1mol}{58.5g} \right\}}_{溶質〔mol〕} \div \underbrace{\left\{ 20.0mL \times \frac{1L}{10^3 mL} \right\}}_{溶液〔L〕} = \frac{\dfrac{1.17}{58.5} mol}{\dfrac{20.0}{1000} L} = 1.0mol/L$$

□**7** 質量パーセント濃度 x (%)，密度 d (g/cm^3) の溶液が
★★ 100mL ある。この溶液に含まれる溶質のモル質量が
M (g/mol) であるとき，溶質の物質量を表す式は
$\boxed{1 \text{★★}}$ mol になる。

(共通テスト)

(1) $\dfrac{xd}{M}$

質量パーセント濃度は，溶液 100g の中に溶けている溶質の質量〔g〕を
表すので，$\dfrac{xg \; 溶質}{100g \; 溶液}$ と表せ，1cm^3 = 1mL より，密度は $\dfrac{dg \; 溶液}{1mL \; 溶液}$ と
表すことができる。

よって，100mL の溶液に含まれる溶質の物質量〔mol〕を表す式は，

$$100mL \; 溶液 \times \frac{dg \; 溶液}{1mL \; 溶液} \times \frac{xg \; 溶質}{100g \; 溶液} \times \frac{1mol \; 溶質}{Mg \; 溶質}$$

$$= \frac{xd}{M} mol$$

☐ **8** 9.2g のグリセリン $C_3H_8O_3$ を 100g の水に溶解させた水溶液は，25℃で密度が $1.0g/cm^3$ であった。この溶液中のグリセリンのモル濃度は $\boxed{1 \star\star}$ mol/L となる。H = 1.0，C = 12，O = 16

① 0.00092　② 0.0010　③ 0.0011
④ 0.92　　⑤ 1.0　　　⑥ 1.1

(センター)

(1) ④

> **解き方**
>
> $C_3H_8O_3$ のモル質量は $92g/mol$。また，$1cm^3 = 1mL$ なので，密度は $\dfrac{1.0g \text{ 水溶液}}{1mL \text{ 水溶液}}$ や $\dfrac{1mL \text{ 水溶液}}{1.0g \text{ 水溶液}}$ と表すことができる。よって，
>
> $$\dfrac{9.2g\ \cancel{C_3H_8O_3} \times \dfrac{1mol\ C_3H_8O_3}{92g\ \cancel{C_3H_8O_3}}}{(100+9.2)g\ \cancel{\text{水溶液}} \times \dfrac{1mL\ \cancel{\text{水溶液}}}{1.0g\ \cancel{\text{水溶液}}} \times \dfrac{1L\ \text{水溶液}}{10^3mL\ \cancel{\text{水溶液}}}}$$
>
> $\fallingdotseq 0.92 mol/L$

☐ **9** 試薬びんからとったシュウ酸二水和物（$H_2C_2O_4 \cdot 2H_2O$）をビーカーに入れて天秤で正確にはかりとったところ，1.512g であった。これに少量の純水を加え，$\boxed{1 \star}$ でかきまぜながら完全に溶かした。その後，これを 250mL の $\boxed{2 \star\star\star}$ に移した。このとき，液がこぼれないように $\boxed{2 \star\star\star}$ の口には $\boxed{3 \star}$ をつけた。ビーカーおよび $\boxed{3 \star}$ の内側に付着した液は，洗びんの純水をふきつけて洗い，その洗液も $\boxed{2 \star\star\star}$ の中の溶液に加え，液面がちょうど目盛りの高さに一致するまで純水を加えた。このとき，洗びんを使うと純水を入れすぎる心配があったので，最後の 1mL ほどはこまごめピペットを用いて加えた。最後に $\boxed{2 \star\star\star}$ の栓をして，溶液が均一になるようによく振り混ぜた。このシュウ酸標準溶液は $\boxed{4 \star\star}$ mol/L（3ケタ）である。H = 1.00，C = 12.0，O = 16.0

(千葉大)

(1) ガラス棒
(2) メスフラスコ
(3) ろうと
(4) 0.0480

解き方
　$H_2C_2O_4 \cdot 2H_2O$ のモル質量が $126.0g/mol$,
また, $H_2C_2O_4 \cdot 2H_2O$ の物質量〔mol〕＝ $H_2C_2O_4$ の物質量〔mol〕なので,
$H_2C_2O_4$ の物質量〔mol〕は $\dfrac{1.512}{126.0}mol$ となる。

　よって, モル濃度は次のように求めることができる。

$$\underbrace{\dfrac{1.512}{126.0}mol}_{H_2C_2O_4 \,〔mol〕} \div \underbrace{\dfrac{250}{1000}L}_{水溶液〔L〕} = 0.0480mol/L$$

□10 ある市販されている濃硝酸は, 密度 $1.4g/cm^3$ の液体
★★★ で, 質量パーセント濃度66%の硝酸を含んでいる。こ
の濃硝酸のモル濃度は $\boxed{1 \text{★★★}}$ mol/L(2ケタ)とな
る。$HNO_3 = 63$　　　　　　　　　　　　　　　　　(学習院大)

(1) 15

解き方
　HNO_3 のモル質量が $63g/mol$, $1cm^3 = 1mL$ より, 密度 $1.4g/cm^3$ は
$1.4g/mL$ とも書くことができる。よって, 濃硝酸 $100g$ について考えると,

$$\dfrac{66g \times \dfrac{1mol}{63g} \quad\overset{HNO_3〔mol〕}{}}{100g \times \dfrac{1mL}{1.4g} \times \dfrac{1L}{10^3mL} \quad\underset{HNO_3 + H_2O〔L〕}{}} ≒ 15mol/L$$

応用 □11 質量パーセント濃度96%, 密度 $1.8g/cm^3$ の濃硫酸を
★★ うすめて, 2.0mol/Lの硫酸を100mLつくりたい。必
要な濃硫酸は $\boxed{1 \text{★★}}$ mL(2ケタ)となる。
$H_2SO_4 = 98$　　　　　　　　　　　　　　　　　　(千葉大)

(1) 11

解き方
　必要な濃硫酸を x〔mL〕とする。また, H_2SO_4 のモル質量は $98g/mol$,
$1cm^3 = 1mL$ より, 密度 $1.8g/cm^3$ は $1.8g/mL$ とも書ける。
　ここで, 濃硫酸をうすめる前と後で H_2SO_4 の物質量〔mol〕が変化して
いないことに注目すると次の式が成り立つ。

$$\underset{H_2SO_4 + H_2O〔g〕}{x \,mL} \times \underset{H_2SO_4〔g〕}{\dfrac{1.8g}{1mL}} \times \dfrac{96g}{100g} \times \underset{H_2SO_4〔mol〕}{\dfrac{1mol}{98g}} = \dfrac{2.0mol}{1L} \times \underset{H_2SO_4〔mol〕}{\dfrac{100}{1000}L}$$

$x ≒ 11mL$

12 純粋な水における水分子のモル濃度は，$\boxed{1 \star}$ (1) 56 mol/L（2ケタ）である。ただし，H = 1.0，O = 16.0，水の密度は 1.0g/cm^3 とする。　　(千葉大)

 H$_2$O のモル質量は18g/mol。水のモル濃度[H$_2$O]は，1L あたりの H$_2$O の物質量〔mol〕を表す。1cm^3 = 1mL より，密度 1.0g/cm^3 は 1.0g/mL とも書くことができる。よって，H$_2$O 1L の物質量〔mol〕は，

$$1\cancel{L} \times \underbrace{\frac{10^3\,\cancel{mL}}{1\cancel{L}}}_{\text{H$_2$O〔mL〕}} \times \underbrace{\frac{1.0\,\cancel{g}}{1\,\cancel{mL}}}_{\text{H$_2$O〔g〕}} \times \underbrace{\frac{1\text{mol}}{18\,\cancel{g}}}_{\text{H$_2$O〔mol〕}} = \frac{1000}{18}\,\text{mol}$$

であり，純粋な水のモル濃度[H$_2$O]は，

$$\frac{1000}{18}\,\text{mol} \div 1\text{L} \fallingdotseq 56\text{mol/L}$$

となる。

注 水溶液では，水のモル濃度[H$_2$O]はほかの物質のモル濃度よりも十分に大きいので，常に一定とみなすことができる。

6 化学反応式

▼ ANSWER

□ 1
★★
物質が化学変化する様子を，関係する物質の化学式を用いて表した式を化学反応式あるいは単に反応式という。反応する物質を $\boxed{1 ★★}$ といい，生成する物質を $\boxed{2 ★★}$ という。反応式は $\boxed{1 ★★}$ と $\boxed{2 ★★}$ の間を矢印（→）で結んだものである。

（熊本大）

(1) 反応物
(2) 生成物

□ 2
★★★
係数 $\boxed{1 ★★★}$，$\boxed{2 ★★★}$ を求めよ。

$$C_2H_5OH + 3O_2 \longrightarrow \boxed{1 ★★★} CO_2 + \boxed{2 ★★★} H_2O$$

（東京女子大）

(1) 2
(2) 3

> **解き方**
>
> 完全燃焼の反応式の書き方は，次のようになる。
>
> ① 左辺に「完全燃焼させる物質と酸素 O_2」，右辺に「完全燃焼後の物質」を書く。
>
> $$C_2H_5OH + O_2 \longrightarrow CO_2 + H_2O$$
>
> ② 完全燃焼させる物質の係数を1とおく。
>
> $$1C_2H_5OH + O_2 \longrightarrow CO_2 + H_2O$$
>
> ③ C や H などに注目しながら生成物に係数をつける。
>
> $$1C_2H_5OH + O_2 \longrightarrow 2CO_2 + 3H_2O$$
>
> ④ O_2 で係数をそろえる。
>
> $$1C_2H_5OH + 3O_2 \longrightarrow 2CO_2 + 3H_2O$$
>
> ここで，O_2 の係数が分数になることがあれば，全体を何倍かすることで，反応式全体の係数を最も簡単な整数にすることに注意する。

□ 3
★★
次の化学反応式中の係数（$a \sim c$）の組合せとして正しいものを，下の ① ～ ⑥ のうちから一つ選べ。$\boxed{1 ★★}$

$$aNO + bNH_3 + O_2 \longrightarrow 4N_2 + cH_2O$$

	a	b	c		a	b	c
①	2	4	4	②	2	6	4
③	2	6	9	④	4	4	6
⑤	4	9	6	⑥	6	2	3

（センター）

(1) ④

左辺と右辺で各原子の個数が等しくなることに注目する。

N について, $a + b = 8$ …①

H について, $3b = 2c$ …②

O について, $a + 2 = c$ …③

①～③より, $a = 4$, $b = 4$, $c = 6$

応用 ☐ **4** ベンゼンのニトロ化は, 次の式で示される濃硝酸と濃硫酸とから生成するニトロニウムイオン(NO_2^+)が反応に関与している。☐ **1★** に係数を入れよ。

$HNO_3 + 2H_2SO_4$

$\longrightarrow NO_2^+ + 2HSO_4^- + \boxed{1★} H_3O^+$ (近畿大)

(1) 1

解き方
イオン反応式の場合, 左辺と右辺で各原子の個数だけでなく, 電荷の総和も同じになることに注目すると簡単に解ける。

$HNO_3 + 2H_2SO_4 \longrightarrow NO_2^+ + 2HSO_4^- + xH_3O^+$ とおくと, 両辺の電荷の総和は等しいので,

$$\underset{HNO_3の電荷}{0} + \underset{H_2SO_4の電荷}{0 \times 2} = \underset{NO_2^+の電荷}{(+1) \times 1} + \underset{HSO_4^-の電荷}{(-1) \times 2} + \underset{H_3O^+の電荷}{(+1) \times x}$$

$x = 1$

となる。

応用 ☐ **5** ☐ **1★** に適切なイオンを表す化学式を書け。

$8HMO_4^- + 3H_2S + 6H_2O$

$\longrightarrow 8M(OH)_3 \downarrow + \boxed{1★} + 2OH^-$

(慶應義塾大)

(1) $3SO_4^{2-}$

解き方
両辺の原子の個数に注目すると,

$8HMO_4^- + 3H_2S + 6H_2O \longrightarrow 8M(OH)_3 \downarrow + \boxed{} + 2OH^-$

S 3 個
O 12 個 が入る

両辺の電荷に注目すると,

$\underset{-8}{8HMO_4^-} + \underset{0}{3H_2S} + \underset{0}{6H_2O} \longrightarrow \underset{0}{8M(OH)_3 \downarrow} + \boxed{} + \underset{-2}{2OH^-}$

-6 になる

よって, SO_4^{2-} の個数が 3 個とわかる。

7 化学反応式と物質量

考え方

化学反応式の読み取り方

反応物　　　　　　　　生成物
$$\overbrace{2CO} + \overbrace{O_2} \longrightarrow \overbrace{2CO_2}$$ の係数から,

CO 2個 と O₂ 1個 が反応して CO₂ 2個 が生成することが読み取

れる。

よって, CO を $2 \times (6.0 \times 10^{23})$ 個反応させたら,

CO $2 \times (6.0 \times 10^{23})$ 個　2mol と O₂ 6.0×10^{23} 個　1mol

が反応して, CO₂ $2 \times (6.0 \times 10^{23})$ 個　2mol が生成する。

化学反応式の係数は物質量〔mol〕の関係を表していることがわかる。

　例えば, CO 8mol を完全燃焼させるのに必要な O₂ は, 化学反応式の
係数の関係から,

$$8mol\,CO \times \frac{1mol\,O_2}{2mol\,CO} = 4mol\,O_2$$

　　　　　　　　　　　　 ┈┈┈┈┈反応式から読み取る

となり, 4mol とわかる。

　また, CO 8mol から生成した CO₂ は, 同様に係数の関係から,

$$8mol\,CO \times \frac{2mol\,CO_2}{2mol\,CO} = 8mol\,CO_2$$

　　　　　　　　　　　　 ┈┈┈┈┈反応式から読み取る

となり, 8mol とわかる。

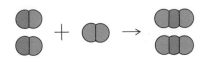

□ **1** 鉄 Fe は，式(1)に従って，鉄鉱石に含まれる酸化鉄(Ⅲ) (1) 336
★★ Fe₂O₃ の製錬によって工業的に得られている。

$$Fe_2O_3 + 3CO \longrightarrow 2Fe + 3CO_2 \quad (1)$$

Fe₂O₃ の含有率(質量パーセント)が 48.0%の鉄鉱石が
ある。この鉄鉱石 1000kg から，式(1)によって得られ
る Fe の質量は □1★★ kg (3 ケタ) になる。
O = 16，Fe = 56 （共通テスト）

 解き方

モル質量は，酸化鉄(Ⅲ) Fe₂O₃ が 160g/mol，鉄 Fe が 56g/mol。
式(1)より Fe₂O₃ 1mol から Fe 2mol が得られることがわかる。
よって，この鉄鉱石 1000kg から式(1)により得られる Fe の質量は，

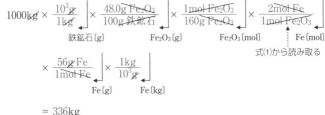

$$= 336kg$$

□ **2**
★★

植物は，水と二酸化炭素から光合成によってグルコー
スの縮合重合体であるデンプンとセルロースをつくる。
酵母はグルコース $C_6H_{12}O_6$ を体内で代謝してエネル
ギーを得て，エタノール C_2H_5OH と二酸化炭素 CO_2
を体外へ放出する。

(1) 30

$$C_6H_{12}O_6 \longrightarrow 2C_2H_5OH + 2CO_2 \quad \cdots ①$$

$$C_2H_5OH + 3O_2 \longrightarrow 2CO_2 + 3H_2O \quad \cdots ②$$

900g のグルコースを 100%の変換率でエタノール
にした後，このエタノールを完全燃焼させた。生成す
る二酸化炭素は ╎ 1 ★★ ╎ mol である。
H = 1.0，C = 12，O = 16

(三重大)

解き方

グルコース $C_6H_{12}O_6$ のモル質量は 180g/mol。

①式の反応で CO_2 と C_2H_5OH が生成し，①式で得られた C_2H_5OH か
らさらに②式の反応で CO_2 が生成していることに注意する。

①式の係数関係から，生成する CO_2 は，

$$900g \times \frac{1mol\ C_6H_{12}O_6}{180g} \times \frac{2mol\ CO_2}{1mol\ C_6H_{12}O_6} = 10mol\ CO_2$$

$C_6H_{12}O_6$ (mol) ⟵ ⟶ CO_2 (mol)

┄┄┄┄①式から読み取る

とわかる。

また，①式と②式の係数関係から，①で得られた C_2H_5OH から生成す
る CO_2 は，

$$900g \times \frac{1mol\ C_6H_{12}O_6}{180g} \times \frac{2mol\ C_2H_5OH}{1mol\ C_6H_{12}O_6} \times \frac{2mol\ CO_2}{1mol\ C_2H_5OH}$$

$C_6H_{12}O_6$ (mol) ⟶ C_2H_5OH (mol) ⟶ CO_2 (mol)

①式から読み取る ②式から読み取る

$$= 20mol\ CO_2$$

とわかる。

よって，生成した CO_2 は，10 + 20 = 30mol

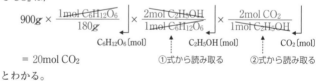

分子を構成する原子の元素記号

分子式 $H_2O \quad CO_2$

分子を構成する原子の数
（1は書かない）

106

応用 □ 3 タンパク質水溶液に固体の水酸化ナトリウムを加えて
★★ 加熱すると, タンパク質が分解してアンモニアが生成
する。単純タンパク質の場合, 成分元素の質量含有率
はタンパク質の種類によらずほぼ同じであるため, 生
成したアンモニアの質量から, 食品などのタンパク質
含有率を見積もることができる。

5.0g の大豆試料を分解したところ, 0.34g のアンモ
ニアが発生した。アンモニアはすべてタンパク質の分
解から生じたとすると, 大豆中のタンパク質の含有率
は ┃ 1 ★★ ┃% (2ケタ) になる。ただし, H = 1.0, N
= 14 とし, タンパク質中の窒素の質量含有率は 16%
とする。

(信州大)

(1) 35

解き方

N 原子に注目して考える。

大豆中のタンパク質に N 原子が 1 個含まれていたとすれば, 発生する NH₃ も 1 個になる。
_{mol}

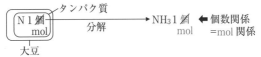

N のモル質量は 14g/mol, NH₃ のモル質量は 17g/mol となり,

大豆中のタンパク質の含有率 x〔%〕は $\dfrac{x\text{g タンパク質}}{100\text{g 大豆}}$,

タンパク質中の N の含有率 16% は $\dfrac{16\text{gN}}{100\text{g タンパク質}}$ と表せる。

以上より, 次の式が成り立つ。

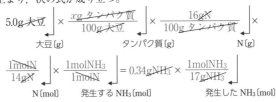

よって, $x = 35\%$

応用 □4 ★★ 炭酸カルシウム (CaCO₃) 1.50g に 1.00mol/L の塩酸 20.0mL を注ぐと、二酸化炭素が発生した。

$$CaCO_3 + 2HCl \longrightarrow CaCl_2 + H_2O + CO_2$$

発生した二酸化炭素は、0℃、1.013×10^5Pa（標準状態）で ①★★★ L（3ケタ）となり、反応せずに残った炭酸カルシウムは ②★ g（3ケタ）となる。CaCO₃ = 100, HCl = 36.5

(芝浦工業大)

(1) 0.224

(2) 0.500

解き方

CaCO₃ は、$1.50g\ \cancel{CaCO_3} \times \dfrac{1mol\ CaCO_3}{100g\ \cancel{CaCO_3}} = 0.015mol\ CaCO_3$

HCl は、$\dfrac{1.00mol\ HCl}{1L\ \cancel{水溶液}} \times \dfrac{20.0}{1000}\ \cancel{L\ 水溶液} = 0.020mol\ HCl$

となり、CaCO₃ 0.015mol がすべて反応するのに必要な HCl は、与えられた反応式の係数関係から、

$$0.015mol\ \cancel{CaCO_3} \times \dfrac{2mol\ HCl}{1mol\ \cancel{CaCO_3}} = 0.030mol\ HCl > 0.020mol\ HCl$$

$\llcorner$----- 反応式から読み取る

となる。

よって、HCl は CaCO₃ に対して不足していることがわかる。つまり、HCl がすべて反応し CaCO₃ が残る。

HCl 0.020mol がすべて反応するのに必要な CaCO₃ は、与えられた反応式の係数関係から、

$$0.020mol\ \cancel{HCl} \times \dfrac{1mol\ CaCO_3}{2mol\ \cancel{HCl}} = 0.010mol\ CaCO_3 < 0.015mol\ CaCO_3$$

$\llcorner$----- 反応式から読み取る

となり、HCl がすべて反応し、CaCO₃ が残ることがわかる。よって、物質量関係は次のようになる。

	CaCO₃	+	2HCl	⟶	CaCl₂	+	H₂O	+	CO₂
（反応前）	0.015mol		0.020mol						
（反応量）	−0.010mol		−0.020mol		+0.010		+0.010		+0.010
（反応後）	0.005mol		0		0.010mol		0.010mol		0.010mol

発生した CO₂ は、0℃、1.013×10^5Pa（標準状態）では、

$$0.010mol\ \cancel{CO_2} \times \dfrac{22.4L\ CO_2}{1mol\ \cancel{CO_2}} = 0.224L$$

残った CaCO₃ は、

$$0.005mol\ \cancel{CaCO_3} \times \dfrac{100g\ CaCO_3}{1mol\ \cancel{CaCO_3}} = 0.500g$$

第2部

理論化学②
——物質の変化——
THEORETICAL CHEMISTRY

第 **06** 章

酸と塩基

1 酸と塩基の性質

▼ ANSWER

□**1** 酸や塩基の水溶液が電気伝導性を示すことから，水溶
★★★ 液中では酸や塩基がイオンに電離していると考え，
1887 年に `1★★★` は，物質が水に溶けたときに，水
素イオンを生じる物質を酸，水酸化物イオンを生じる
物質を塩基と定義した。このときに生成した水素イオ
ンは水溶液中では水分子と結合して `2★★★` として
存在する。 (東北大)

(1) アレニウス
(2) オキソニウム
  イオン H_3O^+

〈解説〉塩化水素 HCl を水に溶かすと，次のように電離する。
　　　$HCl \longrightarrow H^+ + Cl^-$
　　　ただし，H^+ は水溶液中では H_2O と配位結合してオキソニ
　　　ウムイオン H_3O^+ になる。
　　　$H^+ + H_2O \longrightarrow H_3O^+$
　　　よって，正確に表現すると，次のようになる。
　　　$HCl + H_2O \longrightarrow H_3O^+ + Cl^-$

□**2** 1923 年に `1★★★` とローリーは，水溶液以外での酸・
★★★ 塩基を説明するために，水素イオンを与える分子やイ
オンを酸，水素イオンを受け取る分子やイオンを塩基
とした。この考えに基づくと，水は塩化水素と反応す
るときには `2★★★` としてはたらき，アンモニアと反
応するときには `3★★★` としてはたらく。 (東北大)

(1) ブレンステッド
(2) 塩基
(3) 酸

〈解説〉

$$\overset{H^+}{HCl + H_2O} \longrightarrow Cl^- + H_3O^+$$
　　　　　　　塩基

$$\overset{H^+}{NH_3 + H_2O} \rightleftharpoons NH_4^+ + OH^-$$
　　　　　　　　酸

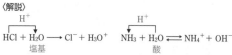

□**3** 水に溶けて酸を生じたり，塩基と反応して塩を生成し
★★ たりする酸化物を `1★★` という。一方，水に溶けて
塩基を生じたり，酸と反応して塩を生成したりする酸
化物を `2★★` という。 (山口大)

(1) 酸性酸化物
(2) 塩基性酸化物

□**4** 金属の酸化物の多くは水と反応して $\boxed{1 \text{***}}$ を示す
★★★ ため，$\boxed{1 \text{***}}$ 酸化物という。一方，非金属の酸化物
の多くは水に溶けて $\boxed{2 \text{***}}$ を示すため，$\boxed{2 \text{***}}$ 酸
化物という。酸化アルミニウムは塩酸とも，水酸化ナ
トリウム水溶液とも反応し，$\boxed{3 \text{**}}$ 酸化物とよばれ
る。

(鹿児島大)

〈解説〉塩基性酸化物の反応例
$$Na_2O + H_2O \longrightarrow 2NaOH$$
$$CaO + H_2O \longrightarrow Ca(OH)_2$$
酸性酸化物の反応例
$$SO_2 + H_2O \rightleftarrows H_2SO_3$$
$$SO_3 + H_2O \rightleftarrows H_2SO_4$$
$$CO_2 + H_2O \rightleftarrows H_2CO_3 (炭酸)$$
両性酸化物の反応例
$$Al_2O_3 + 6HCl \longrightarrow 2AlCl_3 + 3H_2O$$
$$Al_2O_3 + 2NaOH + 3H_2O \longrightarrow 2Na[Al(OH)_4]$$

(1) 塩基性
(2) 酸性
(3) 両性

□**5** 酸化カルシウム CaO は $\boxed{1 \text{***}}$ 酸化物に分類され，
★★★ 水と反応して $\boxed{2 \text{**}}$ と呼ばれる $Ca(OH)_2$ を生じる。

(東京理科大)

(1) 塩基性
(2) 消石灰
[⊕水酸化カル
シウム]

□**6** 非金属元素の酸化物の多くが水と反応すると $\boxed{1 \text{*}}$
★★ を形成し $\boxed{2 \text{***}}$ を示す。また，それらの酸化物は塩
基と反応して塩を生成する。このような性質を持つ酸
化物を $\boxed{2 \text{***}}$ 酸化物とよぶ。

(熊本大)

〈解説〉分子中に酸素原子を含む酸をオキソ酸という。

(1) オキソ酸
(2) 酸性

□**7** 亜鉛の酸化物は，酸とも塩基とも反応するので $\boxed{1 \text{**}}$
★★ 酸化物とよばれる。

(岡山大)

〈解説〉両性酸化物には，Al_2O_3，ZnO，SnO，PbO などがある。
あ　あ　すん　なり

(1) 両性

□**8** 水酸化ナトリウムは，工業的には，$\boxed{1 \text{**}}$ を電気分
★★ 解してつくられる。

(滋賀医科大)

(1) 塩化ナトリウム
$NaCl$ 水溶液

応用 □**9** 塩素原子を含む $\boxed{1 \text{*}}$ である $HClO$，$HClO_2$,
★ $HClO_3$ および $HClO_4$ は，塩素原子に結合した酸素原
子の数が $\boxed{2 \text{*}}$ ほど水溶液の酸性が強くなる傾向
を示す。

(山口大)

〈解説〉酸性の強さ：$HClO$ < $HClO_2$ < $HClO_3$ < $HClO_4$
次亜塩素酸　亜塩素酸　塩素酸　過塩素酸

(1) オキソ酸
(2) 多い

2 酸・塩基の価数と電離度

▼ ANSWER

□■1 酸がその1molあたり何molの水素イオンを与えるこ
★★★　とができるかを示す数を酸の □1 ★★★ とよぶ。例え
　　　ば、塩酸は □2 ★★ 価の酸であり、シュウ酸は
　　　□3 ★★ 価の酸である。
　　　　　　　　　　　　　　　　　　　　　　　　　　（山形大）

(1) 価数
(2) 1
(3) 2

〈解説〉塩基では、その1molあたり何molの水酸化物イオンを与
　　　えることができるか、または何molの水素イオンを受け取
　　　ることができるかを示す数を塩基の価数とよぶ。
　　　　酸：HCl, HNO₃, H₂SO₄, (COOH)₂, H₃PO₄ など
　　　　　　1価　1価　　2価　　　2価　　3価
　　　　塩基：NaOH, KOH, NH₃, Ca(OH)₂, Al(OH)₃ など
　　　　　　　1価　　1価　1価　　2価　　　3価

□■2 硫化水素とシュウ酸は、ともに □1 ★★ 価の酸である。
★★　　　　　　　　　　　　　　　　　　　　（東京工業大）

(1) 2

〈解説〉硫化水素 H₂S, シュウ酸 (COOH)₂ または H₂C₂O₄

□■3 溶けている酸(塩基)の物質量に対する電離している酸
★★★　(塩基)の物質量の割合を □1 ★★★ という。（東京電機大）

(1) 電離度

〈解説〉電離度(α) = 電離している酸(塩基)の物質量(mol) / 溶けている酸(塩基)の物質量(mol)

□■4 強酸や強塩基は、水溶液中でほぼ完全に電離し、その
★★★　□1 ★★★ は1とみなされるが、弱酸や弱塩基は、水溶
　　　液中でわずかしか電離しない。この □1 ★★★ は濃度と
　　　温度に依存する。
　　　　　　　　　　　　　　　　　　　　　　　　　　（鳥取大）

(1) 電離度

□■5 酢酸水溶液の濃度が低くなると、酢酸の電離度が
★★　□1 ★★ なる。
　　　　　　　　　　　　　　　　　　　　　（東京工業大）

(1) 大きく

〈解説〉酢酸の濃度と電離度(25℃)

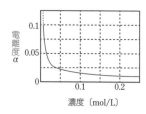

□**6**
★★★
酸の強さは $\boxed{1 \text{★★★}}$ に依存し，この値が $\boxed{2 \text{★★★}}$ ほど水溶液中でより多くの水素イオンを放出する。(山形大)

(1) 電離度
(2) 大きい

□**7**
★
同じ濃度では，弱酸の電離は $\boxed{1 \text{★}}$ によって異なる。(東京電機大)

(1) 温度

□**8**
★★★
酸の濃度が同じならば電離度 α は強い酸ほど $\boxed{1 \text{★★★}}$ に近づく。(弘前大)

(1) 1

〈解説〉強　酸 $(\alpha \fallingdotseq 1)$: HCl, HNO₃, H₂SO₄
　　　強塩基 $(\alpha \fallingdotseq 1)$: NaOH, KOH, Ca(OH)₂, Ba(OH)₂
　　　　　　　　　　　　アルカリ金属の　　Be と Mg を除く
　　　　　　　　　　　　水酸化物　　　　アルカリ土類金属の
　　　　　　　　　　　　　　　　　　　　水酸化物

□**9**
★★
ベリリウムとマグネシウムを除くアルカリ土類金属元素の水酸化物は，$\boxed{1 \text{★★}}$ 塩基であり，固体や水溶液は，二酸化炭素を吸収して炭酸塩になる。例えば，石灰水に二酸化炭素を通じると，炭酸カルシウムが沈殿する。(大阪大)

(1) 強

〈解説〉石灰水：Ca(OH)₂ の水溶液。
　　　$Ca(OH)_2 + CO_2 \longrightarrow CaCO_3 \downarrow (白) + H_2O$

□**10**
★★★
HCl は CH₃COOH よりも $\boxed{1 \text{★★★}}$ 酸であり，NH₃ は KOH よりも $\boxed{2 \text{★★★}}$ 塩基である。(上智大)

(1) 強い [働強]
(2) 弱い [働弱]

〈解説〉

価数	強酸	弱酸	強塩基	弱塩基
1	HCl 塩酸 HNO₃ 硝酸	CH₃COOH 酢酸	NaOH 水酸化ナトリウム KOH 水酸化カリウム	NH₃ アンモニア
2	H₂SO₄ 硫酸	(COOH)₂ シュウ酸 CO₂ 二酸化炭素 H₂S 硫化水素	Ca(OH)₂ 水酸化カルシウム Ba(OH)₂ 水酸化バリウム	Mg(OH)₂ 水酸化マグネシウム Cu(OH)₂ 水酸化銅(Ⅱ)
3		H₃PO₄ リン酸		Al(OH)₃ 水酸化アルミニウム

シュウ酸は H₂C₂O₄ と書くこともある。CO₂ + H₂O で炭酸 H₂CO₃ が生成する(H₂CO₃ の分子は水溶液中でのみ存在できる)。

06

酸と塩基 **2** 酸・塩基の価数と電離度

応用 □ **11** 2価の弱酸における1段階目と2段階目の電離度は
　　　　　 1 ★ 　　。
★
　　　　　　　　　　　　　　　　　　　　　　　　　　　（東京電機大）

〈解説〉$CO_2 + H_2O \overset{\alpha_1}{\rightleftharpoons} HCO_3^- + H^+$
　　　　(H_2CO_3)

　　　$HCO_3^- \overset{\alpha_2}{\rightleftharpoons} CO_3^{2-} + H^+$　　　$\alpha_1 \gg \alpha_2$
　　　二酸化炭素は水溶液中で炭酸 H_2CO_3 を生じる。炭酸は2段
　　　階に電離して平衡に達している。炭酸の1段階目の電離度
　　　α_1 は小さいが，2段階目の電離度 α_2 は α_1 に比べるとかな
　　　り小さい。

(1) 異なる

114

[3] 水の電離と pH

▼ANSWER

[1] ★★★ 純水もわずかに電離しており，[1★★★] イオンと [2★★★] イオン(順不同)を生じて水の電気伝導を担っている。25℃ではこれらのイオンの濃度はともに 1.0 × [3★★] mol/L である。（大阪大）

〈解説〉25℃では，純水でも中性の水溶液でも
$[H^+] = [OH^-] = 1.0 \times 10^{-7}$ mol/L となる。

(1) 水素(すいそ) H^+
(2) 水酸化物(すいさんかぶつ) OH^-
(3) 10^{-7}

発展 [2] ★★★ 水溶液中の $[H^+]$ と $[OH^-]$ の積は温度が同じであれば常に一定で，25℃では [1★★★] $(mol/L)^2$ (2 ケタ) である。（京都府立大）

〈解説〉記号 K_W で表し，水のイオン積とよぶ。K_W は，温度が一定のときは一定の値となる。

(1) 1.0×10^{-14}

発展 [3] ★★ 25℃では $K_W = 1.0 \times 10^{-14} (mol/L)^2$ となるが，この関係は純粋な水ばかりでなく酸や塩基が溶けた水溶液でも成り立つ。たとえば，水に酸を溶かすと，水素イオン濃度 $[H^+]$ は [1★] するが，水酸化物イオン濃度 $[OH^-]$ は [2★] し，逆に水に塩基を溶かすと，$[OH^-]$ は [1★] し，$[H^+]$ は [2★] する。このように，水に酸や塩基を加えたとき，$[H^+]$ と $[OH^-]$ の値は，一方が [1★] すると他方は [2★] して，結果的に水の [3★★★] は一定に保たれる。（三重大）

(1) 増加(ぞうか)
(2) 減少(げんしょう)
(3) イオン積(せき)（の値(あたい)）

[4] ★ 水溶液の水素イオン濃度 $[H^+]$ は，幅広い桁数の範囲で変化するため，$[H^+]$ を 10^{-n} mol/L で表し，この n の値を [1★] (pH) という。（千葉工業大）

〈解説〉$[H^+] = 10^{-n}$ mol/L のとき，pH ＝ n

(1) 水素(すいそ)イオン指数(しすう)

[5] ★★★ 水溶液の性質は，pH が 7 のときを [1★★★]，7 より小さいときを [2★★★]，7 より大きいときを [3★★★] という。（東北大）

(1) 中性(ちゅうせい)
(2) 酸性(さんせい)
(3) 塩基性(えんきせい)
［[別]アルカリ性(せい)］

[6] ★★★ 水溶液の酸性が強いほど pH は [1★★★] く，塩基性が強いほど pH は [2★★★] い。（福井工業大）

〈解説〉酸性が強いほど，$[H^+]$ は大きくなり，pH は小さくなる。

(1) 小(ちい)さ
(2) 大(おお)き

4 pHの求め方

▼ ANSWER

□**1** 強酸，強塩基は水溶液中では大部分が電離し　1 ★★　に分かれている。塩化水素の電離度を1とすれば，1 × 10^{-3} mol/L 塩酸の pH は　2 ★★　(整数)となる。

(神奈川大)

(1) イオン

(2) 3

〈解説〉 10^{-n} mol/L HCl(電離度 $\alpha = 1$)の$[H^+]$や pH の求め方

	HCl	⟶	H^+	+	Cl^-
(電離前)	10^{-n} mol/L		0 mol/L		0 mol/L
(電離後)	0 mol/L		10^{-n} mol/L		10^{-n} mol/L

よって，$[H^+] = 10^{-n}$ mol/L で，pH $= n$ となる。

> **解き方**
>
> 10^{-3} mol/L HCl の $[H^+] = 10^{-3}$ mol/L となり，pH $= 3$。

□**2** 塩酸濃度が比較的高いときには，$[H^+] = [Cl^-]$ とみなせる。このため，1.0×10^{-2} mol/L の塩酸の場合，pH は　1 ★★　(整数)となる。しかし，塩酸が希薄になると　2 ★　の電離を考慮する必要がある。　(秋田大)

(1) 2

(2) 水 H_2O

> **解き方**
>
> 10^{-2} mol/L HCl の $[H^+] = 10^{-2}$ mol/L となり，pH $= 2$。

□**3** 1.0×10^{-5} mol/L 塩酸を水で 1000 倍にうすめた溶液の pH はおよそ　1 ★　(整数)である。　(近畿大)

(1) 7

> **解き方**
>
> 10^{-5} mol/L の塩酸を水で 1000 倍にうすめたときは $[HCl] = 10^{-5} \times \dfrac{1}{1000} = 10^{-8}$ mol/L となるが，水の電離による H^+ の影響があるため，実際の pH は 7 よりごくわずかに小さくなる。よって，pH はおよそ 7 になる。

□**4** 1.00×10^{-3} mol/L の水酸化ナトリウム水溶液の pH は　1 ★★　(整数)になる。ただし，水酸化ナトリウムの電離度を 1.00 とし，水のイオン積 K_w を 1.00×10^{-14} $(mol/L)^2$ とする。　(静岡大)

(1) 11

〈解説〉10^{-n}mol/L NaOH（電離度 $\alpha = 1$）の$[OH^-]$の求め方

$$NaOH \longrightarrow Na^+ + OH^-$$

（電離前）　10^{-n}mol/L　　0mol/L　　0mol/L
（電離後）　0mol/L　　10^{-n}mol/L　10^{-n}mol/L
よって，$[OH^-] = 10^{-n}$mol/L となる。

解き方

10^{-3}mol/L NaOH の$[OH^-] = 10^{-3}$mol/L。
よって，$[H^+] \times [OH^-] = 10^{-14}$ から$[H^+] = 10^{-11}$mol/L となり，
pH = 11。

□**5**
★★
pH12の水酸化ナトリウム水溶液を水で10倍にうすめると，pHはおよそ ⬚ 1★★ （整数）になる。ただし，水のイオン積を 1.00×10^{-14} (mol/L)^2 とする。（近畿大）

(1) 11

06

酸と塩基

4

pHの求め方

解き方

pH = 12 つまり$[H^+] = 10^{-12}$mol/L なので，$[H^+] \times [OH^-] = 10^{-14}$ から$[OH^-] = 10^{-2}$mol/L となる。

これを，水で10倍にうすめると，$[OH^-] = 10^{-2} \times \dfrac{1}{10} = 10^{-3}$mol/L となる。

よって，$[H^+] \times [OH^-] = 10^{-14}$ から$[H^+] = 10^{-11}$mol/L となり，pH = 11。

□**6**
★★★
1価の弱酸のモル濃度を c，その電離度を α とすれば，水素イオン濃度は ⬚ 1★★★ で表される。（東京電機大）

(1) $c\alpha$

〈解説〉c mol/L CH_3COOH（電離度 α）の$[H^+]$の求め方

$$CH_3COOH \rightleftharpoons CH_3COO^- + H^+$$

（電離前）　$c$mol/L　　　　0mol/L　　0mol/L
（電離後）$c - c\alpha$ mol/L　　$c\alpha$ mol/L　$c\alpha$ mol/L
　　　　└電離した$c\alpha$　　$c\alpha$ mol/LのCH₃COOHが電離
　　　　mol/Lを引く　　したので$c\alpha$ mol/Lずつ生成する
よって，$[H^+] = c\alpha$ mol/L となる。

□**7**
★★★
0.1mol/Lの酢酸水溶液（電離度 = 0.01）の pH は ⬚ 1★★★ （整数）である。（予想問題）

(1) 3

解き方

$c = 0.1$mol/L CH_3COOH（電離度 $\alpha = 0.01$）の
$[H^+] = c\alpha = 0.1 \times 0.01 = 10^{-3}$mol/L
となり，pH = 3 となる。

□**8** ある温度において，5.0×10^{-2}mol/L の酢酸水溶液の
★★　pH が 3.0 であった。この水溶液中の酢酸の電離度は
　　　 1 ★★ （2 ケタ）である。　　　　　　　　（立命館大）

(1) 0.020

> 解き方
>
> $c = 5.0 \times 10^{-2}$mol/L CH_3COOH（電離度 α）の $[H^+]$ は pH = 3.0 つ
> まり $[H^+] = 10^{-3}$mol/L なので，
> 　　$[H^+] = c\alpha = 5.0 \times 10^{-2} \times \alpha = 10^{-3}$mol/L
> となり，$\alpha = 0.020$ となる。

□**9** 酸 HA は，水溶液中で次のような電離平衡にある。
★★
　　　$HA \rightleftharpoons H^+ + A^-$

　　　濃度 0.10mol/L のとき，酸 HA の電離度は 0.013 で
　　あった。これを希釈して，濃度 0.0010mol/L にすると
　　電離度は 0.13 になった。このとき pH は 1 ★★ （整
　　数）増加する。　　　　　　　　　　　　（芝浦工業大）

(1) 1

> 解き方
>
> 　　$[H^+] = c\alpha = 0.10 \times 0.013 = 1.3 \times 10^{-3}$mol/L
> 　　$[H^+]' = c'\alpha' = 0.0010 \times 0.13 = 1.3 \times 10^{-4}$mol/L
>
> よって，$[H^+]$ は $\dfrac{1}{10} = 0.1 = 10^{-1}$ 倍となるので，pH は 1 増加する。

□**10** 0.1mol/L のアンモニア水溶液（電離度＝ 0.01）の pH
★★　は 1 ★★ （整数）である。ただし，水のイオン積を
　　　1.00×10^{-14} $(mol/L)^2$ とする。　　　　　　　（予想問題）

(1) 11

〈解説〉c mol/L NH_3（電離度 α）の $[OH^-]$ の求め方
　　　　　　　　　NH_3 ＋ H_2O $\rightleftharpoons$ NH_4^+ ＋ OH^-
（電離前）　　cmol/L　　　　　0mol/L　　0mol/L
（電離後）　$c - c\alpha$ mol/L　　　$c\alpha$ mol/L　　$c\alpha$ mol/L
　　よって，$[OH^-] = c\alpha$ mol/L となる。

> 解き方
>
> $c = 0.1$mol/L NH_3（電離度 $\alpha = 0.01$）の
> 　　$[OH^-] = c\alpha = 0.1 \times 0.01 = 10^{-3}$mol/L となり，
> $[H^+] \times [OH^-] = 10^{-14}$ より，$[H^+] = 10^{-11}$mol/L　つまり　pH = 11。

5 中和反応・中和滴定

□**1** 酸と塩基が反応して互いにその性質を打ち消し合うこ
★★★　とを中和とよぶ。中和は，酸から生じる水素イオンと
塩基から生じる [1 ★★★] イオンとが結合して [2 ★★★]
になる反応である。また，中和反応後の溶液から水を
蒸発させると塩が残る。　　　　　　　　　　　　（山形大）

〈解説〉酸＋塩基 ⟶ 塩＋水
　　　(例) 塩酸と水酸化ナトリウム水溶液を混合すると，次のよ
　　　　　うに反応する。

$$
\begin{array}{lll}
& \text{HCl} & \longrightarrow \ \text{H}^+ \ + \ \text{Cl}^- \\
+) & \text{NaOH} & \longrightarrow \ \text{Na}^+ + \text{OH}^- \\
\hline
& \text{HCl} + \text{NaOH} & \longrightarrow \ \underbrace{\text{Na}^+ + \text{Cl}^-}_{\text{NaCl}} + \underbrace{\text{H}^+ + \text{OH}^-}_{\text{H}_2\text{O}}
\end{array}
$$

(1) 水酸化物 OH^-
(2) 水 H_2O

□**2** 中和反応は，基本的に [1 ★★★] イオンと [2 ★★★] イオ
★★★　ン（順不同）との反応である。したがって，反応する
[1 ★★★] イオンと [2 ★★★] イオンとの物質量は等し
い。　　　　　　　　　　　　　　　　　　　　（帯広畜産大）

〈解説〉中和の反応式は，ふつう酸の放出する H^+ の数と塩基の放出
する OH^-（または，塩基の受け取る H^+）の数が等しくなる
ように書く。

(1) 水素 H^+
(2) 水酸化物 OH^-

□**3** 塩化水素と水酸化カルシウムが過不足なく中和すると
★★　きの化学反応式は [1 ★★] になる。　　　（予想問題）

〈解説〉
$$
\begin{array}{lll}
2 \times (\text{HCl} & \longrightarrow & \text{H}^+ \ + \ \text{Cl}^-) \\
+) \quad \text{Ca(OH)}_2 & \longrightarrow & \text{Ca}^{2+} + 2\text{OH}^- \\
\hline
2\text{HCl} + \text{Ca(OH)}_2 & \longrightarrow & \text{CaCl}_2 + 2\text{H}_2\text{O}
\end{array}
$$

(1) $2HCl$
　$+ Ca(OH)_2$
　$\longrightarrow CaCl_2$
　$+ 2H_2O$

□**4** 硫酸と水酸化ナトリウムが過不足なく中和するときの
★★★　化学反応式は [1 ★★★] になる。　　　（予想問題）

〈解説〉
$$
\begin{array}{lll}
\text{H}_2\text{SO}_4 & \longrightarrow & 2\text{H}^+ \ + \ \text{SO}_4^{2-} \\
+) \ 2 \times (\text{NaOH} & \longrightarrow & \text{Na}^+ \ + \ \text{OH}^-) \\
\hline
\text{H}_2\text{SO}_4 + 2\text{NaOH} & \longrightarrow & \text{Na}_2\text{SO}_4 + 2\text{H}_2\text{O}
\end{array}
$$

または，化学式の上に価数をメモし，次のように左辺の係
数をつけてもよい。

$$
\overset{2\,価}{\underset{}{1\,\text{H}_2\text{SO}_4}} + \overset{1\,価}{2\,\text{NaOH}} \longrightarrow
$$

(1) H_2SO_4
　$+ 2NaOH$
　$\longrightarrow Na_2SO_4$
　$+ 2H_2O$

□**5**　酢酸と水酸化ナトリウムが過不足なく中和するときの
★★★　化学反応式は $\boxed{1 \star\star\star}$ になる。 　　　　　　　（予想問題）

〈解説〉$CH_3COOH \rightleftharpoons CH_3COO^- + H^+$ …①
　　　　酢酸に NaOH を加えていくと、H^+ と OH^- が反応して H_2O
　　　　になる。H^+ が消費されると①式の電離が進んで新たに H^+
　　　　が生成する。この H^+ がまた OH^- と反応して H_2O になると
　　　　いう反応が繰り返されて、次の反応が起こる。

$$
\begin{array}{rcl}
CH_3COOH & \rightleftharpoons & CH_3COO^- + H^+ \\
+)\quad NaOH & \longrightarrow & Na^+ \ + OH^- \\
\hline
CH_3COOH + NaOH & \longrightarrow & CH_3COONa + H_2O
\end{array}
$$

(1) CH_3COOH
$+ NaOH$
$\longrightarrow$
CH_3COONa
$+ H_2O$

□**6**　シュウ酸水溶液を水酸化ナトリウム水溶液により滴定
★★　したときの中和反応の化学反応式は $\boxed{1 \star\star}$ となる。
　　　　　　　　　　　　　　　　　　　　　　　　　　　　（岐阜大）

〈解説〉 $\underset{1}{2価}\diagdown\underset{1}{\overset{1価}{}}$
　　　　$1\,H_2C_2O_4 + 2\,NaOH \longrightarrow$

(1) $H_2C_2O_4$
$+ 2NaOH$
$\longrightarrow Na_2C_2O_4$
$+ 2H_2O$

□**7**　アンモニア水と塩酸が中和するときの化学反応式は
★★　$\boxed{1 \star\star}$ になる。 　　　　　　　　　　　（予想問題）

〈解説〉
$$
\begin{array}{rcl}
NH_3 + H_2O & \rightleftharpoons & NH_4^+ + OH^- \\
+)\quad HCl & \longrightarrow & H^+ \ + Cl^- \\
\hline
NH_3 + HCl + \cancel{H_2O} & \longrightarrow & NH_4Cl + \cancel{H_2O}
\end{array}
$$

(1) $NH_3 + HCl$
$\longrightarrow NH_4Cl$

□**8**　酸と塩基を混合する場合、酸から生じる $\boxed{1 \star\star\star}$ と塩
★★★　基から生じる $\boxed{2 \star\star\star}$ の物質量が等しいとき中和が
　　　　完了する。この関係を利用して、濃度のわからない酸
　　　　または塩基の濃度を求めることができる。 　　　（琉球大）

(1) 水素イオン H^+
(2) 水酸化物イオン
OH^-

□**9**　濃度未知の酸またはアルカリ溶液の濃度を標準溶液で
★★★　滴定して決めることができる。この操作を $\boxed{1 \star\star\star}$ と
　　　　いう。 　　　　　　　　　　　　　　　　　　（帯広畜産大）

〈解説〉「中和反応の終点」では、酸の性質と塩基の性質が打ち消さ
　　　　れることに注目すると、
　　　　　　酸が放出した H^+ の物質量〔mol〕
　　　　　　　　＝塩基が放出した OH^- の物質量〔mol〕
　　　　または、
　　　　　　酸が放出した H^+ の物質量〔mol〕
　　　　　　　　＝塩基が受け取った H^+ の物質量〔mol〕
　　　　の関係が成り立つ。

(1) 中和滴定

□ **10** 0.250mol/L の水酸化ナトリウム水溶液 10.0mL を過
★★★ 不足なく中和するためには，0.400mol/L の塩酸が
　 1 ★★★ mL（3 ケタ）必要である。　　　　　（千葉工業大）

(1) 6.25

解き方　中和の反応式をつくり，物質量〔mol〕の関係を係数から読み取る。

$$NaOH + HCl \longrightarrow NaCl + H_2O$$

となり，NaOH と HCl は物質量〔mol〕の比が $1 : 1$ で反応する。過不足
なく中和するために必要な塩酸を V〔mL〕とすると，

$$\underbrace{\frac{0.250mol}{1\cancel{L}} \times \frac{10.0}{1000}\cancel{L}}_{NaOH〔mol〕} : \underbrace{\frac{0.400mol}{1\cancel{L}} \times \frac{V}{1000}\cancel{L}}_{HCl〔mol〕} = 1 : 1$$

が成立する。よって，$V = 6.25mL$

□ **11** 0.25mol/L の硫酸 25mL を中和するために必要な
★★★ 0.25mol/L の水酸化ナトリウム水溶液は 1 ★★★ mL
（整数）である。　　　　　　　　　　　　　（東邦大）

(1) 50

解き方　H_2SO_4 の物質量〔mol〕は，

$$\frac{0.25mol}{1\cancel{L}} \times \frac{25}{1000}\cancel{L} = 0.25 \times \frac{25}{1000} mol$$

となり，H_2SO_4 は 2 価の酸だから中和までに放出される H^+ の物質量
〔mol〕は，

$$0.25 \times \frac{25}{1000} \times 2 mol \quad ◀ 1H_2SO_4 \longrightarrow 2H^+ + SO_4{}^{2-} より$$

　また，中和に要した水酸化ナトリウム水溶液を V〔mL〕とすると
NaOH の物質量〔mol〕は，

$$\frac{0.25mol}{1\cancel{L}} \times \frac{V}{1000}\cancel{L} = 0.25 \times \frac{V}{1000} mol$$

となり，NaOH は 1 価の塩基だから中和までに放出される OH^- の物質
量〔mol〕は，

$$0.25 \times \frac{V}{1000} \times 1 mol \quad ◀ 1NaOH \longrightarrow Na^+ + 1OH^- より$$

　終点では，次の式が成り立つ。

$$\underbrace{0.25 \times \frac{25}{1000} \times 2}_{H_2SO_4 が放出した H^+〔mol〕} = \underbrace{0.25 \times \frac{V}{1000} \times 1}_{NaOH が放出した OH^-〔mol〕}$$

　よって，$V = 50mL$

□ 12
★★
濃度不明の水酸化カルシウム水溶液を過不足なく中和するのに 0.100mol/L の塩酸 25.00mL を要した。塩酸を加える前の水溶液中に含まれていた水酸化カルシウムの質量は $\boxed{1 \star\star}$ g(3ケタ)。$Ca(OH)_2 = 74.0$

(1) 0.0925

(筑波大)

> **解き方**
>
> 求める $Ca(OH)_2$ の質量を x〔g〕とすると，次の式が成り立つ。
>
> $$\underbrace{\frac{x}{74.0} \times 2}_{\substack{Ca(OH)_2\,[\text{mol}] \quad OH^-\,[\text{mol}] \\ (2\text{価})}} = \underbrace{0.100 \times \frac{25.00}{1000} \times 1}_{\substack{HCl\,[\text{mol}] \quad H^+\,[\text{mol}] \\ (1\text{価})}}$$
>
> $x = 0.0925\text{g}$

□ 13
★★★
0.036mol/L の酢酸水溶液 10.0mL を，水酸化ナトリウム水溶液で中和滴定したところ，18.0mL を要した。用いた水酸化ナトリウム水溶液の濃度は $\boxed{1 \star\star\star}$ mol/L(2ケタ)となる。

(1) 0.020

(センター)

> **解き方**
>
> 求める水酸化ナトリウム水溶液の濃度を x〔mol/L〕とすると，次の式が成り立つ。
>
> $$\underbrace{0.036 \times \frac{10.0}{1000} \times 1}_{\substack{CH_3COOH\,[\text{mol}] \quad H^+\,[\text{mol}] \\ (1\text{価})}} = \underbrace{x \times \frac{18.0}{1000} \times 1}_{\substack{NaOH\,[\text{mol}] \quad OH^-\,[\text{mol}] \\ (1\text{価})}}$$
>
> $x = 0.020\text{mol/L}$

〈解説〉酸や塩基の強弱は，中和する酸や塩基の量的関係には影響しない。HCl または CH_3COOH 1mol は，$NaOH$ 1mol で過不足なく中和できる。

□**14** mol/L(2ケタ)の酢酸水溶液 10mL を純水で
★★　うすめて 50mL とし,そのうち 25mL を,0.050mol/L
の水酸化ナトリウム水溶液で滴定したところ,中和点
に達するのに水酸化ナトリウム水溶液 20mL を要し
た。

(1) 0.20

(愛知工業大)

> **解き方**
>
> 求める酢酸水溶液の濃度を x 〔mol/L〕とすると,次の式が成り立つ。
>
> $$x \times \frac{10}{1000} \times \frac{25}{50} \times 1 = 0.050 \times \frac{20}{1000} \times 1$$
>
> 　　　　50mL 中の　　　25mL 中の　　　H^+　　　　NaOH　　OH⁻
> 　　　　CH₃COOH〔mol〕　CH₃COOH〔mol〕　〔mol〕　　　〔mol〕　〔mol〕
> 　　　　〔mol〕　　　　　(1 価)　　　　　　　　　　　(1 価)
>
> $$x = 0.20\text{mol/L}$$

□**15** 食酢(酸として酢酸のみが含まれる)10.0mL をとり,
★★　これに水を加えて 50.0mL とした(溶液 A)。溶液 A を
12.0mL とり,0.100mol/L 水酸化ナトリウム水溶液で
中和滴定したところ,18.0mL 要した。食酢中の酢酸
の濃度は mol/L(2ケタ)であり,食酢の密度
を 1.00g/mL とすると,酢酸の質量パーセント濃度
は %(2ケタ)である。CH₃COOH = 60.0

(1) 0.75
(2) 4.5

(慶應義塾大)

> **解き方**
>
> 食酢中の酢酸の濃度を x 〔mol/L〕とすると,次の式が成り立つ。
>
> $$x \times \frac{10.0}{1000} \times \frac{12.0}{50.0} \times 1 = 0.100 \times \frac{18.0}{1000} \times 1$$
>
> 　　　　50.0mL 中の　　　12.0mL 中の　　　H^+　　　　NaOH　　OH⁻
> 　　　　CH₃COOH　　　　CH₃COOH〔mol〕　〔mol〕　　　〔mol〕　〔mol〕
> 　　　　〔mol〕　　　　　(1 価)　　　　　　　　　　　(1 価)
>
> $$x = 0.75\text{mol/L}$$
>
> 酢酸の質量パーセント濃度は,
>
>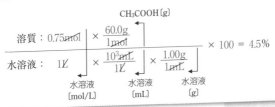

123

応用 □16 0.500mol/L の希硫酸を 80.0mL 用意し，気体のアン
★★　　モニア NH_3 を完全に吸収させ，残った希硫酸を
0.500mol/L の水酸化ナトリウム $NaOH$ 水溶液で中
和滴定すると 20.0mL 要した。このとき，吸収した
NH_3 の体積は 0℃，1.013×10^5Pa（標準状態）で
1 ★★　L（3 ケタ）である。

(1) 1.57

(慶應義塾大)

> **解き方**
>
> 吸収された NH_3 の体積を 0℃，1.013×10^5Pa（標準状態）で x〔L〕とすると，次の式が成り立つ。
>
> $$0.500 \times \frac{80.0}{1000} \times 2 = 0.500 \times \frac{20.0}{1000} \times 1 + \frac{x}{22.4} \times 1$$
>
> H_2SO_4〔mol〕（2 価）／H^+〔mol〕　　$NaOH$〔mol〕（1 価）／OH^-〔mol〕　　NH_3〔mol〕（1 価）／OH^-〔mol〕
>
> 酸の放出した H^+〔mol〕　　塩基の放出した OH^-〔mol〕
>
> $x ≒ 1.57$L

□17 濃度不明の塩酸 500mL と 0.010mol/L の水酸化ナト
★★★　リウム水溶液 500mL を混合したところ，溶液の pH は
2.0 であった。よって，塩酸は 1 ★★★　mol/L（2 ケタ）
となる。ただし，溶液中の塩化水素の電離度を 1.0 と
する。

(1) 0.030

(センター)

> **解き方**
>
> pH = 2.0 の酸性なので HCl が余ることに気づく。求める塩酸の濃度を x〔mol/L〕とすると，
>
> | | HCl | + | NaOH | $\longrightarrow$ | NaCl | + | H_2O |
> |---|---|---|---|---|---|---|---|
> | （反応前） | $x \times \dfrac{500}{1000}$ mol | | $0.010 \times \dfrac{500}{1000}$ mol | | | | |
> | （反応後） | $\left(x \times \dfrac{500}{1000} - 0.010 \times \dfrac{500}{1000}\right)$ mol 余る | | 0 | | $0.010 \times \dfrac{500}{1000}$ mol | | $0.010 \times \dfrac{500}{1000}$ mol |
>
> ここで，塩酸 500mL と水酸化ナトリウム水溶液 500mL を混合すると水溶液全体の体積は，ほぼ(500 + 500)mL = 1.0L となることに注意する。
> pH = 2.0 つまり $[H^+] = 10^{-2}$mol/L なので，次の式が成り立つ。
>
> $$[H^+] = \frac{\left(x \times \dfrac{500}{1000} - 0.010 \times \dfrac{500}{1000}\right) \text{mol}}{1.0\text{L}} = 10^{-2}\text{mol/L}$$
>
> $x = 0.030$mol/L

6 滴定に関する器具

▼ ANSWER

□**1** 次のガラス器具は，中和滴定の際に用いられるもので
★★★ ある。 1 ★★★ 〜 4 ★★★ の名前を答えよ。

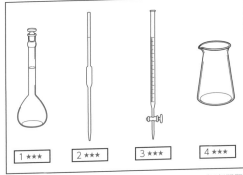

(予想問題)

〈解説〉コニカルビーカーは三角フラスコでも代用できる。
メスフラスコ，ホールピペット，ビュレットは正確な目盛
りが刻んであるので，加熱すると器具が変形して目盛りが
変化してしまうから加熱乾燥してはいけない。

(1) メスフラスコ
(2) ホールピペット
(3) ビュレット
(4) コニカルビーカー

□**2** 水酸化ナトリウムによる塩酸の滴定の準備で，使用す
★★★ るホールピペット，ビュレットおよびコニカルビー
カーの内壁を純水ですいで洗浄した。これらのガラ
ス器具のうち，滴定操作で，内壁が純水でぬれたまま
使用してもよい器具は 1 ★★★ である。 (秋田大)

〈解説〉ホールピペットやビュレットは，水道水で洗った後，蒸留
水で洗い，それぞれの器具に入れる溶液で2〜3回洗って
(とも洗いという)から使用する。メスフラスコやコニカル
ビーカーまたは三角フラスコは，水道水で洗った後，蒸留
水で洗い，ぬれたまま使用することができる。

(1) コニカルビーカー

□**3** 中和滴定で使用したガラス器具（ホールピペット，コ
★★★ ニカルビーカー，ビュレット）が，純水でぬれていた場
合，そのままでは使用できない器具名は 1 ★★★ と
2 ★★★ (順不同)である。 (岡山大)

(1) ホールピペット
(2) ビュレット

□**4**
★★★ シリカゲルが乾燥剤として入れてあるデシケータ(ガラス製の密閉容器)中に保存してあるシュウ酸二水和物((COOH)₂·2H₂O)の結晶 12.6g を電子天秤で正確にはかりとり少量の純水に溶かし，洗液とともに 1L の │ 1 ★★★ │ に入れ標線まで純水を加えた後，栓をしてよく混合し標準溶液をつくった。次に水酸化ナトリウム(NaOH)約 4g をはかりとり純水に溶かし 500mL とした溶液をつくり，この NaOH 溶液を滴定に用いるガラス器具である │ 2 ★★★ │ に入れ準備を整えた。シュウ酸標準溶液 10.0mL を │ 3 ★★★ │ でコニカルビーカーにはかりとりフェノールフタレインを指示薬として加え NaOH 溶液で滴定した。コニカルビーカーの溶液の色が │ 4 ★★ │ 色から │ 5 ★★ │ 色に急速に変化した時点での NaOH 消費量は 10.52mL だった。(札幌医科大)

(1) メスフラスコ
(2) ビュレット
(3) ホールピペット
(4) 無
(5) 赤

〈解説〉中和滴定における操作

(1)シュウ酸標準溶液をつくる。

(COOH)₂·2H₂O 12.6g を電子天秤で正確にはかりとる
純水に溶かす
洗液とともに1L のメスフラスコに移す
純水を加えて正確に1Lにする
メスフラスコ
標線
標線に合わせる

(2)シュウ酸標準溶液 10.0mL を水酸化ナトリウム水溶液で滴定する。

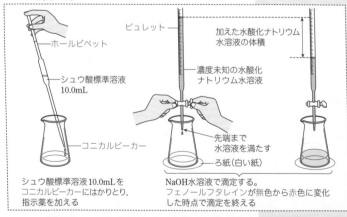

ホールピペット
シュウ酸標準溶液 10.0mL
コニカルビーカー
シュウ酸標準溶液10.0mLをコニカルビーカーにはかりとり，指示薬を加える

ビュレット
加えた水酸化ナトリウム水溶液の体積
濃度未知の水酸化ナトリウム水溶液
先端まで水溶液を満たす
ろ紙(白い紙)
NaOH水溶液で滴定する。フェノールフタレインが無色から赤色に変化した時点で滴定を終える

7 滴定曲線

▼ANSWER

□1 ★★ pHはpHメーターを用いて測定できるが，おおよその値ならばpHによって色調が変化する色素（[1★]という）を染み込ませてある[2★]を用いて調べることができる。リトマスは[1★]の一つで，酸性で[3★★★]色，塩基性で[4★★★]色を示す。[1★]の色調が変化するpHの範囲を[5★★]という。

（千葉工業大）

(1) pH指示薬［[別]指示薬］
(2) pH試験紙
(3) 赤
(4) 青
(5) 変色域

〈解説〉指示薬と変色域

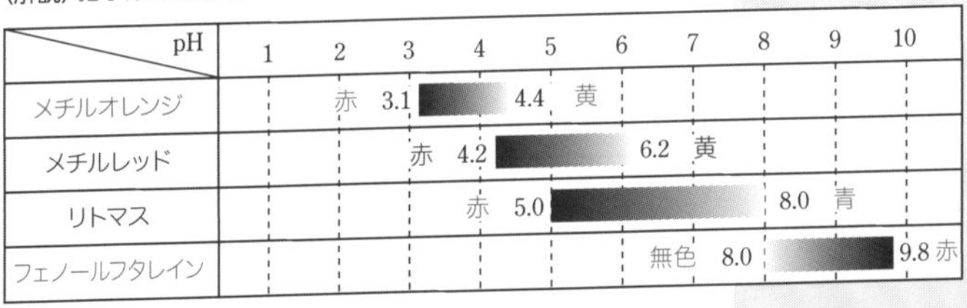
pH
1 2 3 4 5 6 7 8 9 10
メチルオレンジ
赤 3.1 4.4 黄
メチルレッド
赤 4.2 6.2 黄
リトマス
赤 5.0 8.0 青
フェノールフタレイン
無色 8.0 9.8 赤

□2 ★★★ 水溶液のpHに応じて色調が変わる物質をpH指示薬という。例えばフェノールフタレインは，酸性水溶液中では[1★★]色であるが，pHが8.0付近で[2★★]色を帯び始める。pHの増大とともにその色は濃くなるが，pHが9.8以上では色は変わらなくなる。このように色調の変化するpHの範囲を[3★★★]という。

（東京農工大）

(1) 無
(2) 赤
(3) 変色域

□3 ★★★ アンモニア水溶液は[1★★★]リトマス紙を[2★★★]に変色させる。

（上智大）

(1) 赤色
(2) 青色

□4 ★★★ 中和滴定に用いられる指示薬は，[1★★★]や[2★★★]（順不同）と反応して鋭敏に色調を変える。

（センター）

(1) 水素イオン H^+
(2) 水酸化物イオン OH^-

□5 ★ 中和するときの酸・塩基の濃度と体積の関係式を用いて，濃度未知の酸または塩基の濃度を求めることができる。この時の実験操作を中和滴定といい，滴下した試薬の量と滴定中の溶液のpHの関係を示した曲線を[1★]という。

（立命館大）

(1) 滴定曲線

□**6** 0.1mol/L の塩酸 10mL を 0.1mol/L の水酸化ナトリ
★★★　ウム水溶液で滴定したときの滴定曲線は　1 ★★★　で
ある。0.1mol/L の酢酸 10mL を 0.1mol/L の水酸化ナ
トリウム水溶液で滴定したときの滴定曲線は　2 ★★★
である。以下の①，②から選べ。

(1)①

(2)②

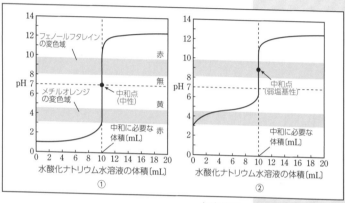

（予想問題）

□**7** 0.1mol/L の水酸化ナトリウム水溶液 10mL を 0.1mol/L
★★★　の塩酸で滴定したときの滴定曲線は　1 ★★★　である。
0.1mol/L のアンモニア水 10mL を 0.1mol/L の塩酸
で滴定したときの滴定曲線は　2 ★★★　である。以下の
①，②から選べ。

(1)①

(2)②

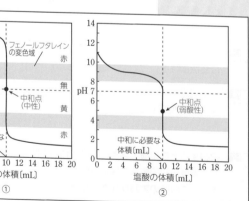

（予想問題）

□ **8** 0.10mol/L の酢酸 CH_3COOH の水溶液 10.0mL をコ
★★★
ニカルビーカーにとり，指示薬 1★★★ 溶液を 2〜3
滴加え，0.10mol/L の水酸化ナトリウム水溶液をビュ
レットにより少しずつ滴下した。水酸化ナトリウム水
溶液を 10.0mL 滴下したとき，溶液の色は 2★★ 色
から 3★★ 色へ変化した。
(北海道大)

〈解説〉中和点前・後のごくわずかな塩基（または酸）の体積〔mL〕変
化で pH が急に変化するために，pH jump が起こる。その
ため，pH jump が指示薬の変色域に含まれていれば，中和
点を知ることができる。

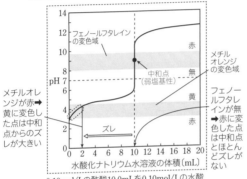

0.10mol/Lの酢酸10.0mLを0.10mol/Lの水酸
化ナトリウム水溶液で滴定

(1) フェノールフタ
レイン
(2) 無
(3) (淡)赤

06
酸と塩基
7 滴定曲線

□ **9** 目盛りのよみとり方の模式図を下に示した。正しいよ
★★
みとり方を表しているものを(A)から(C)の中から選
び，よみとった値を記せ。なお，図中の点線は視線を
示し，数字の単位は mL である。正しいよみとり方
1★★ ，よみとった値 2★ mL

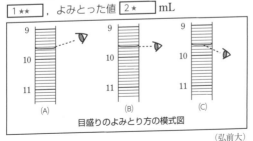

目盛りのよみとり方の模式図

(弘前大)

(1) (B)
(2) 9.65

〈解説〉目盛りは，液面のへこんだ面（メニスカス）を真横から水
平に見て読み取る。このとき，最小目盛りの $\frac{1}{10}$ まで目分
量で読み取る。

□10 シュウ酸標準溶液 10.00mL を，三角フラスコに　　(1) ホールピペット
★★★　**1★★★** で正確に量り取り，指示薬フェノールフタレ　　(2) ビュレット
イン溶液を数滴加えた。次に，**2★★★** を用いて水酸　　(3) 赤
化ナトリウム水溶液で滴定したところ，13.80mL 滴下
したところで微かに淡く **3★★** 色に変色したので
終点とした。
(福井大)

□11 指示薬メチルオレンジの変色域は pH3.1 ～ 4.4 であ　　(1) フェノールフタ
★★★　り，指示薬フェノールフタレインの変色域は pH8.0 ～　　　　レイン
9.8 である。ここで，滴定に用いる酸と塩基は 0.1mol/L　　(2) メチルオレンジ
の水溶液とする。　　　　　　　　　　　　　　　　　　　　(3) できる
　(ア)アンモニア水を塩酸で滴定するとき，**1★★★** は使　　(4) できる
　　用できないが，**2★★★** は使用できる。　　　　　　　　(5) メチルオレンジ
　(イ)塩酸を水酸化ナトリウム水溶液で滴定するとき，メ　　(6) フェノールフタ
　　チルオレンジは使用 **3★★★**。　　　　　　　　　　　　　　レイン
　(ウ)塩酸を水酸化ナトリウム水溶液で滴定するとき，フェ
　　ノールフタレインは使用 **4★★★**。
　(エ)酢酸を水酸化ナトリウム水溶液で滴定するとき，
　　5★★★ は使用できないが，**6★★★** は使用できる。
(センター)

〈解説〉

① 0.1mol/L HClaq10mL を 0.1mol/L NaOHaq で滴定する場合(イ), (ウ)
② 0.1mol/L CH$_3$COOHaq10mL を 0.1mol/L NaOHaq で滴定する場合(エ)
③ 0.1mol/L NaOHaq10mL を 0.1mol/L HClaq で滴定する場合
④ 0.1mol/L NH$_3$aq10mL を 0.1mol/L HClaq で滴定する場合(ア)

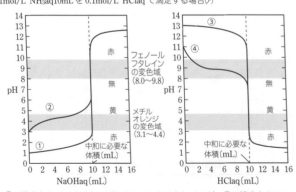

①，③の滴定ならメチルオレンジとフェノールフタレインが，②の滴定ならフェノール
フタレインが，④の滴定ならメチルオレンジが使える。

8 塩の分類と塩の液性

□**1**
★★
塩は酸の　1★　と塩基の　2★　が結合した化合物であり，　3★★★　塩，酸性塩および塩基性塩に分類される。 (山形大)

(1) 陰イオン
(2) 陽イオン
(3) 正

〈解説〉塩は，その組成から3種類に分類することができる。
酸性塩：酸の H が残っている塩。(例) $NaHSO_4$，$NaHCO_3$
塩基性塩：塩基の OH が残っている塩。(例) $MgCl(OH)$
正塩：酸の H や塩基の OH が残っていない塩。
(例) $NaCl$，NH_4Cl

□**2**
★★
ミョウバンは複数の塩からつくられる塩で，　1★★　とよばれる。 (日本大)

(1) 複塩

〈解説〉ミョウバン $AlK(SO_4)_2 \cdot 12H_2O$
➡ $Al_2(SO_4)_3$ と K_2SO_4 の混合溶液を濃縮してつくる。

□**3**
★★★
弱酸や弱塩基から生じた塩を水に溶かすと，電離した塩の成分イオンが水と反応してもとの弱酸や弱塩基にもどり，水溶液がそれぞれ弱塩基性または弱酸性を示す。この現象を塩の　1★★★　という。 (横浜国立大)

(1) 加水分解

〈解説〉塩の加水分解について
(強酸＋強塩基)からなる塩：加水分解せず中性のまま。
(弱酸＋強塩基)からなる塩：加水分解して弱塩基性を示す。
(強酸＋弱塩基)からなる塩：加水分解して弱酸性を示す。
注 $NaHSO_4$，$KHSO_4$ などは，電離して酸性を示す。

□**4**
★★★
酢酸ナトリウムを水に溶解し，0.1mol/Lの水溶液を調製した。その溶液の pH を測定したところ，8付近の弱塩基性を示した。これは以下のように説明できる。酢酸ナトリウムは水溶液中ではほぼ完全に　1★★★　しているが，このとき生じる酢酸イオンの一部は，酢酸の　2★★★　が小さいため，次のイオン反応式のように水と反応する。

$$\boxed{3★★} + H_2O \rightleftarrows \boxed{4★★} + \boxed{5★★}$$
((4)(5)順不同)

このような反応を塩の　6★★★　といい，そのため，酢酸ナトリウム水溶液は弱い塩基性を示したのである。 (岐阜大)

(1) 電離
(2) 電離度
(3) CH_3COO^-
(4) CH_3COOH
(5) OH^-
(6) 加水分解

〈解説〉

$$
\begin{array}{r}
CH_3COO^- + H^+ \rightleftarrows CH_3COOH \\
+)\quad H_2O \rightleftarrows H^+ + OH^- \\
\hline
CH_3COO^- + H_2O \rightleftarrows CH_3COOH + OH^-
\end{array}
$$

06
酸と塩基
7 滴定曲線 ～ 8 塩の分類と塩の液性

□5 ★★★ NH_4Cl は水溶液中で(1)式のように電離し，生じた NH_4^+ が(2)式のように [1★★] 分子と反応して [2★★] 分子を生成する。その結果，[3★★] の濃度が大きくなり，水溶液は弱酸性となる。この現象を，塩の [4★★★] という。

$$NH_4Cl \longrightarrow NH_4^+ + Cl^- \quad \cdots(1)$$
$$NH_4^+ + \boxed{1★★} \rightleftarrows \boxed{2★★} + \boxed{3★★} \quad \cdots(2)$$

（神戸薬科大）

(1) H_2O
(2) NH_3
(3) H_3O^+
(4) 加水分解（かすいぶんかい）

□6 ★★★ 次の化合物のうち，水溶液が酸性を示すものはどれか。[1★★★]

a. Na_2SO_4　b. NaCl　c. $CuSO_4$
d. KNO_3　e. CH_3COONa　（立教大）

(1) c

解き方
Na_2SO_4 ➡中性，NaCl ➡中性，$CuSO_4$ ➡酸性
KNO_3 ➡中性，CH_3COONa ➡塩基性

〈解説〉塩の水溶液の液性は，「強いものが勝つ！」と覚えるとよい。
(1)強酸と強塩基を中和することによってできると考えられる塩
[例] NaCl，KCl，Na_2SO_4，K_2SO_4，$NaNO_3$，KNO_3 など
強と強の強いものどうしなので「引き分け」と考え，「中性」と判定する。
➡これらの塩の水溶液は中性になる。
(2)弱酸と強塩基を中和することによってできると考えられる塩
[例] CH_3COONa，$NaHCO_3$，Na_2CO_3 など
強い塩基が勝って，「塩基性」を示すと判定する。
➡これらの塩の水溶液は塩基性を示す。
(3)強酸と弱塩基を中和することによってできると考えられる塩
[例] NH_4Cl，$(NH_4)_2SO_4$，$CuSO_4$，$ZnSO_4$，$AlCl_3$，$FeCl_3$ など
強い酸が勝って，「酸性」を示すと判定する。
➡これらの塩の水溶液は酸性を示す。
[注] HSO_4^- は例外的に，次のように電離して酸性を示すので，HSO_4^- からなる塩については注意が必要。
$$HSO_4^- + H_2O \rightleftarrows SO_4^{2-} + H_3O^+$$

□7 ★★★ 塩化カルシウムは強酸と [1★★] から生じた塩であるため，その水溶液は [2★★★] を示す。（弘前大）

(1) 強塩基（きょうえんき）
(2) 中性（ちゅうせい）

〈解説〉塩化カルシウム $CaCl_2$ は，乾燥剤や除湿剤に用いられる。

□8 ★★★
強酸と弱塩基の反応により生じる正塩の水溶液は [1 ★★★] を示す。（東京都市大）

〈解説〉NH_4Cl，$(NH_4)_2SO_4$ など

(1) (弱) 酸性

□9 ★★★
硫酸水素ナトリウムは [1 ★★★] 塩であり，その水溶液は [2 ★★★] を示す。（日本大）

〈解説〉硫酸水素ナトリウム $NaHSO_4$

$$HSO_4^- + H_2O \rightleftarrows SO_4^{2-} + H_3O^+$$

(1) 酸性
(2) 酸性

□10 ★★★
炭酸水素ナトリウムは [1 ★★★] 塩であり，その水溶液は弱い [2 ★★★] を示す。（上智大）

〈解説〉炭酸水素ナトリウム $NaHCO_3$

$$HCO_3^- + H_2O \rightleftarrows H_2CO_3 + OH^-$$

(1) 酸性
(2) 塩基性
[別アルカリ性]

□11 ★★★
炭酸ナトリウムは [1 ★★★] 塩であり，その水溶液は [2 ★★★] を示す。（滋賀医科大）

〈解説〉炭酸ナトリウム Na_2CO_3

$$CO_3^{2-} + H_2O \rightleftarrows HCO_3^- + OH^-$$

(1) 正
(2) (弱)塩基性
[別(弱)アルカリ性]

□12 ★★★
酢酸ナトリウム水溶液は [1 ★★★] を示す。（上智大）

〈解説〉酢酸ナトリウム CH_3COONa

$$CH_3COO^- + H_2O \rightleftarrows CH_3COOH + OH^-$$

(1) (弱)塩基性
[別(弱)アルカリ性]

□13 ★★
酢酸カリウムは，[1 ★★] の反応により生じる塩である。（東京都市大）

〈解説〉$CH_3COOH + KOH \longrightarrow CH_3COOK + H_2O$

(1) 弱酸と強塩基
[別酢酸と水酸化カリウム]

[応用] □14 ★★★
フェノールは，[1 ★★★] 物質であり，水酸化ナトリウムと反応すると塩を生じる。この塩は，[2 ★★★] であり，塩の水溶液は [3 ★★★] を示す。（崇城大）

〈解説〉

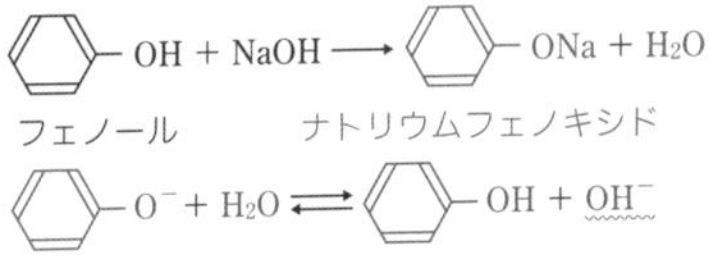

(1) 弱酸性
(2) 正塩
[別ナトリウムフェノキシド]
(3) (弱)塩基性
[別(弱)アルカリ性]

□ **15** 25℃で 1mol/L の酢酸水溶液を 0.5mol/L の水酸化ナ
★★★ トリウム水溶液で中和滴定するとき，中和点の pH の
値は 7 より $\boxed{1 \text{★★★}}$ なる。

(東京工業大)

(1) 大きく

〈解説〉中和点では CH_3COONa が生成している。

① 0.1mol/L $HClaq$10mL を 0.1mol/L $NaOH$aq で滴定する場合
② 0.1mol/L CH_3COOHaq10mL を 0.1mol/L $NaOH$aq で滴定する
　場合
③ 0.1mol/L $NaOH$aq10mL を 0.1mol/L $HClaq$ で滴定する場合
④ 0.1mol/L NH_3aq10mL を 0.1mol/L $HClaq$ で滴定する場合

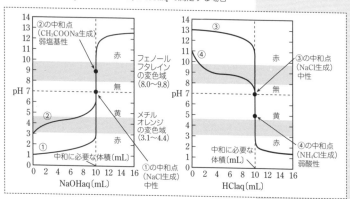

□ **16** 炭酸ナトリウムの水溶液に塩酸を加えると，ナトリウ
★★★ ムイオンは反応せず，炭酸イオンと水素イオンの反応
が，次のように 2 段階で進む。

$$CO_3^{2-} + H^+ \longrightarrow HCO_3^- \quad 反応①$$

$$HCO_3^- + H^+ \longrightarrow H_2O + CO_2 \quad 反応②$$

【反応①について】　炭酸ナトリウムの水溶液に指示
薬 $\boxed{1 \text{★★★}}$ を加えると，$\boxed{2 \text{★★}}$ 色を示す。そこへ塩
酸を少しずつ加えていくと，CO_3^{2-} がすべて HCO_3^-
に変化したときに，$\boxed{2 \text{★★}}$ 色から $\boxed{3 \text{★★}}$ 色になる。

【反応②について】　反応①で $\boxed{3 \text{★★}}$ 色になった溶
液に指示薬 $\boxed{4 \text{★★★}}$ を加えると，$\boxed{5 \text{★★}}$ 色を示す。
そこへ塩酸を少しずつ加えていくと，HCO_3^- がすべて
$H_2O + CO_2$ に変化したときに，$\boxed{5 \text{★★}}$ 色から $\boxed{6 \text{★★}}$
色になる。

(大阪教育大)

(1) フェノールフタ
　レイン
(2) 赤
(3) 無
(4) メチルオレンジ
　[働メチルレッ
　ド]
(5) 黄
(6) 赤

解き方

Na₂CO₃ の水溶液に塩酸を加えていくと，反応①′が起こる。

$$Na_2CO_3 + HCl \longrightarrow NaHCO_3 + NaCl \quad \cdots ①'$$ ◀反応①の両辺に $2Na^+$ と Cl^- を加えてつくる

$NaHCO_3$ が生成するとフェノールフタレインが赤色→無色に変色する。さらに，塩酸を加えていくと反応①′で生じた $NaHCO_3$ と塩酸の反応②′が起こる。

$$NaHCO_3 + HCl \longrightarrow H_2O + CO_2 + NaCl \quad \cdots ②'$$ ◀反応②の両辺に Na^+ と Cl^- を加えてつくる

そして，$NaHCO_3$ がなくなると，メチルオレンジが黄色→赤色に変色し（メチルレッドを使ってもよい。色の変化はメチルオレンジと同じになる），滴定が完了する。

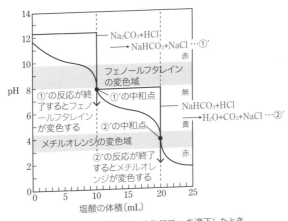

0.1mol/L Na₂CO₃aq 10mLに0.1 mol/L HCl aqを滴下したとき

□17 炭酸ナトリウムと水酸化ナトリウムを含む混合水溶液
★★★ がある。この混合水溶液を │1★★★│ を用いて 10mL はかり取り，コニカルビーカーに入れ，指示薬 │2★★★│ を加えた。次に，0.200mol/L 塩酸を │3★★★│ に入れ，炭酸ナトリウムと水酸化ナトリウムを含む混合水溶液に塩酸を滴下した。その結果，滴定開始から第一中和点までに要した塩酸の体積は 6.4mL であった。このとき，第一中和点での溶液の色は │4★★│ から │5★★│ に変化した。さらに，指示薬 │6★★★│ を加え，塩酸を滴下したところ，第一中和点から第二中和点までに要した塩酸の体積は 2.5mL であった。このとき，第二中和点での溶液の色は │7★★│ から │8★★│ に変化した。

(高知大)

(1) ホールピペット
(2) フェノールフタレイン
(3) ビュレット
(4) 赤色
(5) 無色
(6) メチルオレンジ
　[⑳メチルレッド]
(7) 黄色
(8) 赤色

〈解説〉

（水酸化ナトリウム NaOH＋炭酸ナトリウム Na₂CO₃）の混合水溶液の塩酸 HCl による滴定フェノールフタレイン変色（第 1 中和点）までに起こる反応

$$NaOH + HCl \longrightarrow NaCl + H_2O$$
$$Na_2CO_3 + HCl \longrightarrow NaHCO_3 + NaCl$$

フェノールフタレイン変色後，メチルオレンジ変色（第 2 中和点）までに起こる反応

$$NaHCO_3 + HCl \longrightarrow H_2O + CO_2 + NaCl$$

（グラフ：縦軸 pH，横軸 0.200 mol/L 塩酸の滴下量(mL)。赤／フェノールフタレインの変色域／無，第1中和点。黄／メチルオレンジの変色域／赤，第2中和点。横軸目盛 6.4, 8.9）

 □18 濃度不明の水酸化ナトリウム NaOH と炭酸ナトリウム Na₂CO₃ を含む水溶液 25.0mL を試料とした。 │1★★★│ を指示薬として，この試料水溶液を 0.100mol/L の塩酸で滴定した。塩酸を 20.0mL 滴下したところで，水溶液は │2★★│ に変色し，第一中和点に達した。続いて，この第一中和点に達した水溶液に │3★★★│ を指示薬として加えて，再び塩酸を滴下した。さらに 5.0mL 滴下したところで，水溶液の色が変化し第二中和点に達した。以上の結果から，はじめの試料水溶液の NaOH の濃度は │4★│ mol/L (2ケタ)，炭酸ナトリウム Na₂CO₃ の濃度は │5★│ mol/L(2ケタ)と求められる。

(明治大)

(1) フェノールフタレイン
(2) 無色
(3) メチルオレンジ
　[⑳メチルレッド]
(4) 0.060
(5) 0.020

解き方

NaOH の濃度を x〔mol/L〕，Na₂CO₃ の濃度を y〔mol/L〕とすると，試料水溶液 25.0mL 中の NaOH は $x \times \dfrac{25.0}{1000}$〔mol〕，Na₂CO₃ は $y \times \dfrac{25.0}{1000}$〔mol〕になる。

第一中和点のフェノールフタレイン変色までには，①式と②式の反応が起こる。

$$NaOH + HCl \longrightarrow NaCl + H_2O \quad \cdots ①$$
$$Na_2CO_3 + HCl \longrightarrow NaHCO_3 + NaCl \quad \cdots ②$$

①式から，NaOH を滴定するには NaOH と同じ物質量〔mol〕の HCl $x \times \dfrac{25.0}{1000}$〔mol〕が必要になり，②式から，Na₂CO₃ を滴定するには Na₂CO₃ と同じ物質量〔mol〕の HCl $y \times \dfrac{25.0}{1000}$〔mol〕が必要になる。

この和が，フェノールフタレインが変色するまでに滴下した 0.100mol/L の HCl 20.0mL に相当する。

$$\underbrace{x \times \frac{25.0}{1000}}_{\substack{\text{NaOHを滴定するの}\\\text{に必要な HCl〔mol〕}}} + \underbrace{y \times \frac{25.0}{1000}}_{\substack{\text{Na}_2\text{CO}_3\text{を滴定するの}\\\text{に必要な HCl〔mol〕}}} = \underbrace{0.100 \times \frac{20.0}{1000}}_{\text{滴下した HCl〔mol〕}} \cdots (1)$$

次に，第二中和点のメチルオレンジ変色までには，③式の反応が起こる。

$$NaHCO_3 + HCl \longrightarrow H_2O + CO_2 + NaCl \quad \cdots ③$$

②式から，Na₂CO₃ $y \times \dfrac{25.0}{1000}$〔mol〕から生じる NaHCO₃ は $y \times \dfrac{25.0}{1000}$〔mol〕とわかり，③式から，NaHCO₃ を滴定するには NaHCO₃ と同じ物質量〔mol〕の HCl $y \times \dfrac{25.0}{1000}$〔mol〕が必要になる。これが，メチルオレンジが変色するまでに滴下した 0.100mol/L の HCl 5.0mL に相当する。

$$\underbrace{y \times \frac{25.0}{1000}}_{\substack{\text{NaHCO}_3\text{を滴定するの}\\\text{に必要な HCl〔mol〕}}} = \underbrace{0.100 \times \frac{5.0}{1000}}_{\text{滴下した HCl〔mol〕}} \cdots (2)$$

(1)，(2)より，$x = 0.060$mol/L　$y = 0.020$mol/L

9 塩の性質

「弱酸の塩」＋「強酸」⟶「弱酸」＋「強酸の塩」

□**1** 酢酸ナトリウムの水溶液に塩酸を加えると，$\boxed{1\star\star}$
★★
が生成し刺激臭がする。　　　　　　　　　　（予想問題）

〈解説〉CH₃COONa + HCl ⟶ CH₃COOH + NaCl
　　　弱酸の塩　　強酸　　　弱酸　　強酸の塩

(1) 酢酸
　　CH_3COOH

□**2** 硫化鉄(Ⅱ)に希硫酸を加えると $\boxed{1\star\star\star}$ が発生する。
★★★
$\boxed{1\star\star\star}$ は，無色・悪臭のある気体で水に溶けると弱酸
性を示す。　　　　　　　　　　　　　　　　（甲南大）

〈解説〉FeS　+　H₂SO₄ ⟶ H₂S + FeSO₄
　　　弱酸の塩　　強酸　　　弱酸　強酸の塩

(1) 硫化水素 H_2S

□**3** カルシウムの炭酸塩は塩酸に溶けて $\boxed{1\star\star\star}$ を発生
★★★
するが，水には難溶である。　　　　　　　　（東京都市大）

〈解説〉CaCO₃ + 2HCl ⟶ CaCl₂ + H₂O + CO₂
　　　弱酸の塩　強酸　　強酸の塩　　　　弱酸

(1) 二酸化炭素
　　CO_2

□**4** $\boxed{1\star\star}$ は亜硫酸ナトリウムに希硫酸を加えることで
★★
発生させることができる。　　　　　　　　　（大阪工業大）

〈解説〉Na₂SO₃ + H₂SO₄ ⟶ H₂O + SO₂ + Na₂SO₄
　　　弱酸の塩　　強酸　　　　　弱酸　強酸の塩

　　　亜硫酸水素ナトリウム NaHSO₃ を使用しても，発生させる
　　　ことができる。

　　　NaHSO₃ + H₂SO₄ ⟶ H₂O + SO₂ + NaHSO₄
　　　弱酸の塩　　強酸　　　　　弱酸　強酸の塩

　　　または

　　　2NaHSO₃ + H₂SO₄ ⟶ 2H₂O + 2SO₂ + Na₂SO₄
　　　弱酸の塩　　強酸　　　　　　弱酸　　強酸の塩

(1) 二酸化硫黄
　　SO_2

「弱塩基の塩」＋「強塩基」⟶「弱塩基」＋「強塩基の塩」

□**5** 実験室では $\boxed{1\star\star\star}$ は塩化アンモニウムと水酸化カ
★★★
ルシウムの混合物を加熱し，合成される。　　　（京都大）

〈解説〉2NH₄Cl + Ca(OH)₂ ⟶ 2NH₃ + 2H₂O + CaCl₂
　　　弱塩基の塩　強塩基　　　弱塩基　　　　強塩基の塩

(1) アンモニア
　　NH_3

「揮発性の酸の塩」＋「不揮発性の酸（濃硫酸）」
$\xrightarrow{加熱}$「揮発性の酸（HCl, HF, HNO₃ など）」＋「不揮発性の
酸の塩」

応用 □**6** 食塩に濃硫酸を加えて熱すると $\boxed{1\ \star\star\star}$ が発生する。
★★★
(昭和薬科大)

(1) 塩化水素 HCl

〈解説〉硫酸の沸点が高い（➡不揮発性という）ことを利用して，濃
硫酸（沸点約300℃）よりも沸点が低い，つまり揮発性の酸で
ある HCl（沸点−85℃）や HF（沸点20℃）を発生させること
ができる。

$$NaCl + H_2SO_4 \longrightarrow HCl + NaHSO_4$$
$$CaF_2 + H_2SO_4 \longrightarrow 2HF + CaSO_4$$

ホタル石 ⟨主成分がフッ化カルシウム HF のときは 2mol 発生することに注意!!

応用 □**7** $\boxed{1\ \star\star}$ は，フッ化カルシウムに濃硫酸を加えて加熱
★★
すると得られる。
(千葉大)

(1) フッ化水素
HF

〈解説〉 $\underset{\substack{揮発性の\\酸の塩}}{CaF_2}$ ＋ $\underset{不揮発性の酸}{H_2SO_4}$ $\longrightarrow$ $\underset{揮発性の酸}{2HF}$ ＋ $\underset{\substack{不揮発性の\\酸の塩}}{CaSO_4}$

応用 □**8** $\boxed{1\ \star}$ は，実験室では硝酸塩に濃硫酸を加えて，加
★
熱して発生させる。
(近畿大)

(1) 硝酸 HNO₃

〈解説〉 $\underset{\substack{揮発性の\\酸の塩}}{NaNO_3}$ ＋ $\underset{不揮発性の酸}{H_2SO_4}$ $\longrightarrow$ $\underset{揮発性の酸}{HNO_3}$ ＋ $\underset{\substack{不揮発性の\\酸の塩}}{NaHSO_4}$

$\underset{\substack{揮発性の\\酸の塩}}{KNO_3}$ ＋ $\underset{不揮発性の酸}{H_2SO_4}$ $\longrightarrow$ $\underset{揮発性の酸}{HNO_3}$ ＋ $\underset{\substack{不揮発性の\\酸の塩}}{KHSO_4}$

06

酸と塩基

9

塩の性質

第 07 章

酸化・還元

1 酸化・還元

▼ ANSWER

□**1** 炭素は空気中で完全燃焼させると二酸化炭素を生じる
★★★ が，このように物質が酸素と化合する反応を $\boxed{1 ★★★}$
といい，逆に酸素を失う反応を $\boxed{2 ★★★}$ という。

(北海道大)

(1) 酸化
(2) 還元

〈解説〉$\underline{C} + O_2 \longrightarrow \underline{CO_2}$ （C が酸化された）
$\underline{CuO} + H_2 \longrightarrow \underline{Cu} + H_2O$ （CuO が還元された）

□**2** 物質が水素を失うことを $\boxed{1 ★★★}$ といい，水素と結び
★★★ つくことを $\boxed{2 ★★★}$ という。 (愛知工業大)

(1) 酸化
(2) 還元

〈解説〉$2\underline{H_2S} + SO_2 \longrightarrow 3\underline{S} + 2H_2O$ （H₂S が酸化された）
$\underline{Cl_2} + H_2 \longrightarrow 2\underline{HCl}$ （Cl₂ が還元された）

□**3** アルミニウムと塩素から塩化アルミニウムを生成する
★★ 反応のように，酸素や水素が関与しない酸化還元反応
もあるので，一般的には $\boxed{1 ★★}$ の授受で酸化・還元
を定義する。 (北海道大)

(1) 電子 e^-

〈解説〉$2Al + 3Cl_2 \longrightarrow 2AlCl_3$
$AlCl_3$ は，Al^{3+} と Cl^- がクーロン力で結びついてできている
ので，次の反応のような e^- の受けわたしが起こっている。
$Al \longrightarrow Al^{3+} + 3e^- \qquad Cl_2 + 2e^- \longrightarrow 2Cl^-$

□**4** 物質が電子を失うことを $\boxed{1 ★★★}$ といい，電子を得る
★★★ ことを $\boxed{2 ★★★}$ という。 (愛知工業大)

(1) 酸化
(2) 還元

〈解説〉$Al \longrightarrow Al^{3+} + 3e^-$ （Al が酸化された）
　　　　失っている
$Cl_2 + 2e^- \longrightarrow 2Cl^-$ （Cl₂ が還元された）
　　　　得ている

	酸素 O	水素 H	電子 e^-
酸化される	O と結びつく	H を失う	e^- を失う
還元される	O を失う	H と結びつく	e^- を受け取る

□ **5**
★★★
銅と塩素の反応で塩化銅(II)ができる。このとき銅原子は $\boxed{1 \text{★★★}}$ され，塩素分子は $\boxed{2 \text{★★★}}$ される。

(青山学院大)

(1) 酸化
(2) 還元

〈解説〉

$$Cu \longrightarrow Cu^{2+} + 2e^- \quad (Cu \text{が酸化された})$$
$$+) \quad Cl_2 + 2e^- \longrightarrow 2Cl^- \quad (Cl_2 \text{が還元された})$$
$$\overline{Cu + Cl_2 \longrightarrow CuCl_2}$$

□ **6**
★★
酸化・還元は，酸素や水素のやりとりだけでなく電子 e^- の授受からも定義することができる。次式の銅と塩素の反応では，銅原子 Cu は e^- を失って $\boxed{1 \text{★★}}$ になり，塩素原子 Cl は Cu が失った e^- を受け取って $\boxed{2 \text{★★}}$ になる。つまり Cu の酸化は Cu から Cl に e^- が移動する反応といえる。このように酸化と還元が同時におこる反応を酸化還元反応という。

$$Cu + Cl_2 \longrightarrow CuCl_2$$

(秋田大)

(1) 銅(II)イオン
Cu^{2+}
(2) 塩化物イオン
Cl^-

□ **7**
★★★
相手の物質に電子を与え，その物質を還元し，自身は酸化される物質を $\boxed{1 \text{★★★}}$ 剤という。また，相手の物質から電子を奪い，その物質を酸化し，自身は還元される物質を $\boxed{2 \text{★★★}}$ 剤という。

(昭和薬科大)

(1) 還元
(2) 酸化

〈解説〉
- 還元剤➡相手の物質を還元する物質。自身は酸化される。e^- を与える。
- 酸化剤➡相手の物質を酸化する物質。自身は還元される。e^- をうばう。

□ **8**
★★★
油で揚げたスナック菓子の袋に窒素が充填されているのは，油が $\boxed{1 \text{★★★}}$ されるのを防ぐためである。

(センター)

(1) 酸化

□ **9**
★★
ビタミン C (アスコルビン酸)は，食品の $\boxed{1 \text{★★}}$ として用いられる。

(センター)

〈解説〉ビタミン C は強い還元剤であり，食品の成分よりも先に酸化される。

(1) 酸化防止剤

2 酸化数

☐1
★★★
物質が電子を失った場合 $\boxed{1 ★★★}$ されたといい，電子を受け取った場合 $\boxed{2 ★★★}$ されたという。このような原子がもつ電子の増減を表す数値として $\boxed{3 ★★}$ が用いられる。

(北海道大)

(1) 酸化

(2) 還元

(3) 酸化数

☐2
★★★
硫黄原子の酸化数は，S では $\boxed{1 ★★★}$ ，SO_2 では $\boxed{2 ★★★}$ ，H_2S では $\boxed{3 ★★★}$ ，$SO_4{}^{2-}$ では $\boxed{4 ★★★}$ である。

(岩手大)

(1) 0

(2) +4

(3) −2

(4) +6

考え方

酸化数は，次の①～⑥の「規則」に従って機械的に求めることができる。

①単体を構成する原子の酸化数は0とする。

例 $H_2(H:0)$，$S(S:0)$，$Cu(Cu:0)$

②化合物中の水素原子の酸化数は +1，酸素原子の酸化数は −2 とする。

例 $H_2O(H:+1,O:-2)$

 注水素化ナトリウム NaH などの金属の水素化合物や過酸化水素 H_2O_2 は，「規則」に従わない。

  例 $NaH(Na:+1,H:-1)$，$H_2O_2(H:+1,O:-1)$

③化合物を構成する原子の酸化数の総和は0とする。

例 $SO_2(S:+4,O:-2$ $(+4)+2\times(-2)=0)$

  $H_2S(H:+1,S:-2$ $2\times(+1)+(-2)=0)$

④単原子イオンの酸化数はイオンの電荷に等しい。

例 $Al^{3+}(Al:+3)$，$S^{2-}(S:-2)$

⑤多原子イオンを構成する原子の酸化数の総和はイオンの電荷に等しい。

例 $SO_4{}^{2-}(S:+6,O:-2$ $(+6)+4\times(-2)=-2)$

⑥化合物中でのアルカリ金属の酸化数は +1，アルカリ土類金属の酸化数は +2 とする。

例 $Na_2S(Na:+1,S:-2)$，$CaCl_2(Ca:+2,Cl:-1)$

□ **3** 過酸化水素の酸素原子の酸化数は $\boxed{1 \star\star\star}$ である。

(自治医科大)

(1) −1

□ **4** NaH の水素の酸化数は $\boxed{1 \star\star\star}$ である。 (自治医科大)

(1) −1

□ **5** Fe を空気中でバーナーで加熱した。この中には, 未反応の Fe, 酸化物の Fe_3O_4 および Fe_2O_3 が含まれていた。鉄の酸化数は, それぞれ $\boxed{1 \star\star\star}$, $\boxed{2 \star}$, および $\boxed{3 \star\star\star}$ となるが, ここで Fe_3O_4 の鉄の酸化数 $\boxed{2 \star}$ が見かけ上整数とならないのは, Fe_3O_4 が Fe(II) および Fe(III) の酸化物の組合せと考えられるからである。 (法政大)

(1) 0
(2) $+\dfrac{8}{3}$
(3) $+3$

〈解説〉 Fe の酸化数をそれぞれ x とすると,

$$\underline{Fe_3O_4} \Rightarrow x \times 3 + (-2) \times 4 = 0 \quad よって, \ x = +\frac{8}{3}$$

$$\underline{Fe_2O_3} \Rightarrow x \times 2 + (-2) \times 3 = 0 \quad よって, \ x = +3$$

□ **6** 酸化数は, 原子が酸化された場合に $\boxed{1 \star\star}$ し, 還元された場合に $\boxed{2 \star\star}$ する。 (愛知工業大)

(1) 増加
(2) 減少

〈解説〉 　　　還元された＝酸化数減少＝電子を得る

還元剤＋酸化剤 ⟶ 還元剤からの生成物＋酸化剤からの生成物

酸化された＝酸化数増加＝電子を失う

□ **7** ナトリウム（単体）の原子の酸化数は $\boxed{1 \star\star\star}$ であるが, 塩素（気体）と反応すると酸化数は $\boxed{2 \star\star\star}$ となり, 一方, 塩素原子の酸化数は−1となる。よって, ナトリウム（単体）は, その作用から $\boxed{3 \star\star\star}$ 剤とよばれる。 (香川大)

(1) 0
(2) $+1$
(3) 還元

〈解説〉Na $\longrightarrow$ Na$^+$ + e$^-$

Cl_2 + 2e$^-$ $\longrightarrow$ 2Cl$^-$

還元剤	酸化される	電子 e$^-$ を失う	酸化数が増加する
酸化剤	還元される	電子 e$^-$ を得る	酸化数が減少する

発展 □8
★★

共有結合からなる化合物ではイオンのように電子の完全な移動はないが，共有されている電子はより ┌ 1★★ ┐ が強い原子に引き寄せられる。したがって，この場合には移動したと仮定したときの ┌ 2★ ┐ を酸化数とする。例えば，水分子の場合には，水素原子の酸化数は ┌ 3★★ ┐ ，酸素原子の酸化数は ┌ 4★★ ┐ となる。

(東京理科大)

(1)電気陰性度
[⑩陰性]
(2)電荷
(3)+1
(4)−2

〈解説〉電気陰性度は O > H，電気陰性度の大きい原子に共有電子対を移動させる。

$$H \overset{\circ\circ}{\underset{\circ\circ}{O}} H \xrightarrow{\text{共有電子対を移動させる}} H^+ \quad \begin{bmatrix} \overset{\circ\circ}{\underset{\circ\circ}{O}}{}^{2-} \end{bmatrix} \quad H^+ \quad \left(\begin{array}{l} \bullet \text{はHの電子} \\ \circ \text{はOの電子} \end{array} \right)$$

$$\text{酸化数} \rightarrow \quad +1 \qquad -2 \qquad +1$$

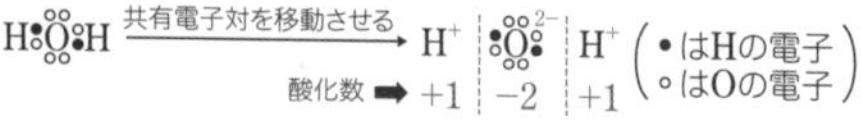

また，同じ元素の原子間では，それぞれの原子に電子を均等に割り振る。

$$H \overset{\bullet}{\underset{\bullet}{:}} H \xrightarrow{\text{均等に電子を割り振る}} H\bullet \qquad \bullet H$$

$$\text{酸化数} \rightarrow \quad 0 \qquad\qquad 0$$

発展 □9
★

エタノールに含まれる2つのC原子の酸化数は，値の小さい方が ┌ 1★ ┐ ，大きい方が ┌ 2★ ┐ である。

エタノール
H H
| |
H−C−C−O−H
| |
H H

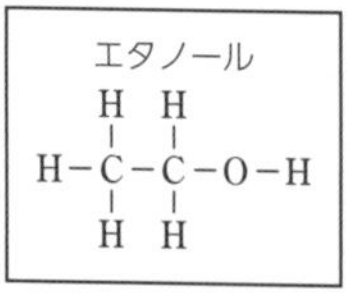

(青山学院大)

(1)−3
(2)−1

〈解説〉電気陰性度は O>C>H

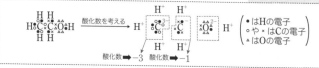

□10
★

次の①〜④の反応のうち，酸化還元反応であるものを1つ選び，その番号を記せ。 ┌ 1★ ┐

① $K_2Cr_2O_7 + 2KOH \longrightarrow 2K_2CrO_4 + H_2O$

② $AgNO_3 + HCl \longrightarrow AgCl + HNO_3$

③ $CuO + 2HNO_3 \longrightarrow Cu(NO_3)_2 + H_2O$

④ $2KI + Cl_2 \longrightarrow I_2 + 2KCl$

(群馬大)

(1)④

〈解説〉反応前後で同じ原子の酸化数が変化していれば，その反応は酸化還元反応である。

$$\underset{-1}{2KI} + \underset{0}{Cl_2} \longrightarrow \underset{0}{I_2} + \underset{-1}{2KCl}$$

また，反応式中に単体があるとその反応は酸化還元反応になることも知っておきたい。

3 酸化剤・還元剤とそのはたらき　▼ANSWER

□**1**
★★★
ナトリウムは塩素に対して 1★★★ としてはたらく。

(上智大)

〈解説〉還元剤：相手の物質に電子 e^- を与えて相手を還元する物質。
酸化剤：相手の物質から電子 e^- を受け取って相手を酸化する物質。

$$2Na \longrightarrow 2Na^+ + 2e^-$$
$$\underline{+) \ Cl_2 + 2e^- \longrightarrow 2Cl^-}$$
$$2Na + Cl_2 \longrightarrow 2NaCl$$

□**2**
★★★
過マンガン酸イオンは 1★★★ 剤としてはたらき，マンガンの酸化数が，次式に示すように，2★★★ から + 2 に変化する。

$$\boxed{3★★} + 8H^+ + \boxed{4★★}$$
$$\longrightarrow Mn^{2+} + 4H_2O \ \text{((3)(4)順不同)}$$

(島根大)

(1) 還元剤

電子

はい　ありがとう

還元剤　　酸化剤

(1) 酸化
(2) +7
(3) MnO_4^-
(4) $5e^-$

07

酸化・還元
2 酸化数
～
3 酸化剤・還元剤とそのはたらき

考え方

酸化剤や還元剤のはたらきを示す反応式のつくり方の例
【手順①】酸化剤，還元剤が何に変化するかを書く。

$$MnO_4^- \longrightarrow Mn^{2+}$$ ◀変化後の形は覚えておく

【手順②】両辺の O の数が等しくなるように H_2O を加える。

$$MnO_4^- \longrightarrow Mn^{2+} + 4H_2O$$

【手順③】両辺の H の数が等しくなるように H^+ を加える。

$$MnO_4^- + 8H^+ \longrightarrow Mn^{2+} + 4H_2O$$

【手順④】両辺の電荷が等しくなるように e^- を加える。

$$MnO_4^- + 8H^+ + 5e^- \longrightarrow Mn^{2+} + 4H_2O$$

左辺の電荷の総和は，$(-1) + 8 \times (+1) = +7$
右辺の電荷の総和は，$(+2) + 4 \times (0) = +2$
ここで，左辺と右辺の電荷をそろえるために左辺に -5 が必要になるので，$(+7) + (-5) = (+2)$ とするために，-5 の部分を $5e^-$ で表す。

□3 ★★★ 過マンガン酸カリウムは強い [1★★★] 剤であり，この水溶液は [2★★★] 色である。この色はマンガン原子の酸化数が [3★★] の過マンガン酸イオンに由来するもので，酸性水溶液中で他の化合物に対して [1★★★] 剤として作用すると自らは [4★★★] され，酸化数が [5★★] のマンガン(Ⅱ)イオンとなり，その高濃度の水溶液は [6★] 色を呈する。（東京理科大）

〈解説〉 Mn^{2+}のうすい水溶液は，ほぼ無色になる。

(1) 酸化（さんか）
(2) 赤紫（あかむらさき）
(3) +7
(4) 還元（かんげん）
(5) +2
(6) 淡桃（たんとう）[[別]淡赤（たんせき）]

□4 ★★ 過マンガン酸イオンは酸化作用を示し，酸性水溶液中で反応式①のように反応し，硫化水素は還元作用を示し，酸性水溶液中で反応式②のように反応する。

$MnO_4^- + 8H^+ + 5e^- \longrightarrow Mn^{2+} + 4H_2O$ …①

[1★★] ⟶ [2★★] $+ 2H^+ + 2e^-$ …②（崇城大）

(1) H_2S
(2) S

〈解説〉
①主に酸化剤としてはたらくもの （赤字を覚える）

ハロゲン単体 （Cl_2，Br_2，I_2）		[例] $Cl_2 + 2e^- \longrightarrow 2Cl^-$
オゾン	（酸性条件下）	$O_3 + 2H^+ + 2e^- \longrightarrow O_2 + H_2O$
硝酸	濃硝酸	$HNO_3 + H^+ + e^- \longrightarrow NO_2 + H_2O$
硝酸	希硝酸	$HNO_3 + 3H^+ + 3e^- \longrightarrow NO + 2H_2O$
過マンガン酸イオン	（酸性条件下）	$MnO_4^- + 8H^+ + 5e^- \longrightarrow Mn^{2+} + 4H_2O$
過マンガン酸イオン	（中性・塩基性条件下）	$MnO_4^- + 2H_2O + 3e^- \longrightarrow MnO_2 + 4OH^-$
酸化マンガン(Ⅳ)	（酸性条件下）	$MnO_2 + 4H^+ + 2e^- \longrightarrow Mn^{2+} + 2H_2O$
ニクロム酸イオン	（酸性条件下）	$Cr_2O_7^{2-} + 14H^+ + 6e^- \longrightarrow 2Cr^{3+} + 7H_2O$
熱濃硫酸	（加熱した濃硫酸）	$H_2SO_4 + 2H^+ + 2e^- \longrightarrow SO_2 + 2H_2O$

②主に還元剤としてはたらくもの （赤字を覚える）

金属単体	[例] $Zn \longrightarrow Zn^{2+} + 2e^-$
ハロゲン化物イオン(Cl^-，Br^-，I^-)	[例] $2Cl^- \longrightarrow Cl_2 + 2e^-$
鉄(Ⅱ)イオン	$Fe^{2+} \longrightarrow Fe^{3+} + e^-$
スズ(Ⅱ)イオン	$Sn^{2+} \longrightarrow Sn^{4+} + 2e^-$
シュウ酸・シュウ酸イオン	$H_2C_2O_4 \longrightarrow 2CO_2 + 2H^+ + 2e^-$
シュウ酸・シュウ酸イオン	$C_2O_4^{2-} \longrightarrow 2CO_2 + 2e^-$
硫化水素・硫化物イオン	$H_2S \longrightarrow S + 2H^+ + 2e^-$
硫化水素・硫化物イオン	$S^{2-} \longrightarrow S + 2e^-$
チオ硫酸イオン	$2S_2O_3^{2-} \longrightarrow S_4O_6^{2-} + 2e^-$

□**5**
★★★
過マンガン酸イオン MnO_4^- は①式のように硫酸酸性
溶液中で電子を [1 ★★] 性質があり，[2 ★★★] 剤とし
て作用する。一方，シュウ酸イオン $C_2O_4^{2-}$ は②式に
示すように電子を [3 ★★★] 性質があり，[4 ★★★] 剤と
して作用する。

$$MnO_4^- + \boxed{5 ★★} e^- + \boxed{6 ★★} H^+$$
$$\longrightarrow Mn^{2+} + 4H_2O \text{（酸性）} \cdots ①$$
$$C_2O_4^{2-} \longrightarrow 2CO_2 + \boxed{7 ★★} e^- \cdots ② \quad \text{（上智大）}$$

(1) うばう
(2) 酸化
(3) 与える
(4) 還元
(5) 5
(6) 8
(7) 2

応用 □**6**
★★
過マンガン酸イオンは強い酸化剤としてはたらくこと
が知られているが，溶液の液性によりその反応が異な
る。酸性溶液中では過マンガン酸イオン自身は [1 ★★]
まで還元され，塩基性溶液中では [2 ★] まで還元さ
れる。　　　　　　　　　　　　　　　　（早稲田大）

(1) マンガン(Ⅱ)
　　イオン Mn^{2+}
(2) 酸化マンガン(Ⅳ)
　　MnO_2

〈解説〉中性や塩基性条件下のときの反応式のつくり方
$$MnO_4^- + 4H^+ + 3e^- \longrightarrow MnO_2 + 2H_2O$$
の両辺に $4OH^-$ を加えてから式を簡単にするとよい。

$$
\begin{array}{r}
MnO_4^- + 4H^+ + 3e^- \longrightarrow MnO_2 + 2H_2O \\
+) \qquad 4OH^- \qquad\qquad\qquad 4OH^- \\
\hline
MnO_4^- + 2H_2O + 3e^- \longrightarrow MnO_2 + 4OH^-
\end{array}
$$

□**7**
★★★
過酸化水素や二酸化硫黄は反応する相手の物質によっ
て，酸化剤としてはたらくことも，[1 ★★★] としては
たらくこともある。　　　　　　　　　（センター）

(1) 還元剤

〈解説〉酸化剤にも還元剤にもなる物質　（赤字を覚える）

過酸化水素	酸化剤としてはたらくとき	$H_2O_2 + 2H^+ + 2e^- \longrightarrow 2H_2O$
	還元剤としてはたらくとき	$H_2O_2 \longrightarrow O_2 + 2H^+ + 2e^-$
二酸化硫黄	酸化剤としてはたらくとき	$SO_2 + 4H^+ + 4e^- \longrightarrow S + 2H_2O$
	還元剤としてはたらくとき	$SO_2 + 2H_2O \longrightarrow SO_4^{2-} + 4H^+ + 2e^-$

□**8**
★★★
過酸化水素はよく [1 ★★★] として用いられるが，反応
の相手によっては [2 ★★★] として作用する。　（立教大）

(1) 酸化剤
(2) 還元剤

〈解説〉H_2O_2 はふつう酸化剤としてはたらくが，$KMnO_4$ や $K_2Cr_2O_7$
などの強い酸化剤に対しては還元剤としてはたらく。また，
SO_2 はふつう還元剤としてはたらくが，H_2S などの強い還
元剤に対しては酸化剤としてはたらく。

□ **9**
★★★
過酸化水素および二酸化硫黄は，反応する相手の物質によって酸化剤にも還元剤にもなりうることが知られている。

例えば，過酸化水素は硫酸酸性水溶液中で過マンガン酸カリウムと反応するが，このとき過酸化水素は $\boxed{1 ★★★}$ 剤としてはたらき，①式のように酸素を発生する。

$$H_2O_2 \longrightarrow O_2 + \boxed{2 ★★} + \boxed{3 ★★} \cdots ①$$

((2)(3)順不同)

また，過酸化水素は酸性水溶液中でヨウ化カリウムと反応するが，このとき過酸化水素は②式のように $\boxed{4 ★★★}$ 剤としてはたらき，ヨウ化物イオンは③式のように $\boxed{5 ★★★}$ 剤としてはたらく。

$$H_2O_2 + \boxed{6 ★★} + 2e^- \longrightarrow \boxed{7 ★★} \cdots ②$$
$$2I^- \longrightarrow \boxed{8 ★★} + 2e^- \cdots ③$$

一方，二酸化硫黄も④，⑤式のように，酸化剤にも還元剤にもなることができる。

$$SO_2 + \boxed{9 ★★} + 4e^- \longrightarrow \boxed{10 ★★} + 2H_2O \cdots ④$$
$$SO_2 + \boxed{11 ★★} \longrightarrow \boxed{12 ★★} + 4H^+ + 2e^- \cdots ⑤$$

(島根大)

(1) 還元
(2) $2H^+$
(3) $2e^-$
(4) 酸化
(5) 還元
(6) $2H^+$
(7) $2H_2O$
(8) I_2
(9) $4H^+$
(10) S
(11) $2H_2O$
(12) $SO_4{}^{2-}$

応用 □ **10**
★★
ヨウ素は水に溶けにくい黒紫色の固体であるが，$\boxed{1 ★★}$ 水溶液に加えると三ヨウ化物イオンが生じて溶解し，褐色のヨウ素液（ヨウ素 $\boxed{1 ★★}$ 水溶液）として用いることができる。 (法政大)

〈解説〉$I_2 + I^- \rightleftharpoons I_3{}^-$ の反応が起こる。

(1) ヨウ化カリウム
　　KI

□ **11**
★
塩素を水に溶解させた塩素水は，消毒作用があることが知られている。これは塩素分子の一部が水と反応し，酸化力のある $\boxed{1 ★}$ を生じるためと考えられている。$\boxed{1 ★}$ のナトリウム塩は漂白剤や殺菌剤に用いられ，水道水の消毒にも使われている。 (大阪工業大)

〈解説〉塩素水　$Cl_2 + H_2O \rightleftharpoons HCl + HClO$
　　　　　　　　　　　　　　　　　　　　　　次亜塩素酸
次亜塩素酸ナトリウム NaClO：塩素系漂白剤の主成分

(1) 次亜塩素酸
　　HClO

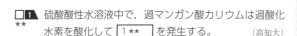

4 酸化還元の反応式

▼ ANSWER

□**1** 硫酸酸性水溶液中で，過マンガン酸カリウムは過酸化
水素を酸化して　1 ★★　を発生する。
(高知大)

(1) 酸素 O_2

> 考え方

> 電子を含むイオン反応式からの化学反応式のつくり方
>
> 【手順①】イオン反応式のつくり方
>
> 還元剤と酸化剤について e^- を含むイオン反応式をつくり，e^- の数を
> 等しくするためにそれぞれの反応式を何倍かして，辺々加えて e^- を
> 消去する。
>
> $$2 \times (MnO_4^- + 8H^+ + 5e^- \longrightarrow Mn^{2+} + 4H_2O)$$
> $$+) \ 5 \times (H_2O_2 \qquad\qquad \longrightarrow O_2 + 2H^+ + 2e^-)$$
> $$\overline{2MnO_4^- + 6H^+ + 5H_2O_2 \longrightarrow 2Mn^{2+} + 8H_2O + 5O_2}$$
> $$\underbrace{(16H^+ - 10H^+)}$$
>
> 2つの式を $10e^-$ でそろえる
>
> 【手順②】化学反応式のつくり方
>
> 両辺に必要な陽・陰イオンを加える。
>
> $KMnO_4$ なので，MnO_4^- 1個に対して K^+ 1個，硫酸 H_2SO_4 で酸性にし
> ているので H^+ 2個に対して SO_4^{2-} 1個をそれぞれ両辺に加える。
>
> $$2MnO_4^- + 6H^+ + 5H_2O_2 \longrightarrow 2Mn^{2+} + 8H_2O + 5O_2$$
> $$+) \ 2K^+ \quad 3SO_4^{2-} \qquad\qquad\qquad 2K^+ \quad 3SO_4^{2-}$$
> $$\overline{2KMnO_4 + 3H_2SO_4 + 5H_2O_2 \longrightarrow 2MnSO_4 + 8H_2O + 5O_2 + K_2SO_4}$$

□**2** 硫酸酸性条件下での過マンガン酸カリウムとシュウ酸
の酸化還元反応は，次の式で表すことができる。

$$\boxed{1 ★★} \ KMnO_4 + \boxed{2 ★★} \ H_2C_2O_4$$
$$+ \boxed{3 ★★} \ H_2SO_4 \longrightarrow 2MnSO_4 + \boxed{4 ★★} \ K_2SO_4$$
$$+ \boxed{5 ★★} \ H_2O + \boxed{6 ★★} \ CO_2 \quad \text{(東京薬科大)}$$

(1) 2
(2) 5
(3) 3
(4) 1
(5) 8
(6) 10

〈解説〉

$$2 \times (MnO_4^- + 8H^+ + 5e^- \longrightarrow Mn^{2+} + 4H_2O)$$
$$+) \ 5 \times (H_2C_2O_4 \qquad\qquad \longrightarrow 2CO_2 + 2H^+ + 2e^-)$$
$$\overline{2MnO_4^- + 5H_2C_2O_4 + 6H^+ \longrightarrow 2Mn^{2+} + 8H_2O + 10CO_2}$$

両辺に $2K^+$ と $3SO_4^{2-}$ を加えて

$$2KMnO_4 + 5H_2C_2O_4 + 3H_2SO_4$$
$$\longrightarrow 2MnSO_4 + K_2SO_4 + 8H_2O + 10CO_2$$

□**3** マグネシウムは，空気中で燃えて $\boxed{1 \star}$ を生成する。
★
(静岡大)

（1）酸化マグネシウム MgO

〈解説〉
$$2 \times (Mg \longrightarrow Mg^{2+} + 2e^-)$$
$$\underline{+)\quad O_2 + 4e^- \longrightarrow 2O^{2-}}$$
$$2Mg + O_2 \longrightarrow 2MgO$$

応用 □**4** 銅(II)イオンとヨウ化物イオンは，次の反応によって
★ ヨウ化銅(I)の沈殿を生成する。

$$\boxed{1 \star}\ Cu^{2+} + \boxed{2 \star}\ I^-$$
$$\longrightarrow \boxed{3 \star}\ CuI + \boxed{4 \star}\ I_3^-$$

(北海道大)

（1）2
（2）5
（3）2
（4）1

〈解説〉
$$2 \times (Cu^{2+} + e^- \longrightarrow Cu^+)$$
$$\underline{+)\quad 2I^- \longrightarrow I_2\ + 2e^-}$$
$$2Cu^{2+} + 2I^- \longrightarrow 2Cu^+ + I_2$$
両辺に $3I^-$ を加えて
$$2Cu^{2+} + 5I^- \longrightarrow 2CuI + I_3^-$$

□**5** 鉄に希塩酸を加えると，鉄が溶けて $\boxed{1 \star\star}$ が発生する。
★★
(高知大)

（1）水素 H_2

〈解説〉
$$Fe \longrightarrow Fe^{2+} + 2e^- \langle Fe は Fe^{2+}へ \rangle$$
$$\underline{+)\ 2H^+ + 2e^- \longrightarrow H_2}$$
$$Fe + 2H^+ \longrightarrow Fe^{2+} + H_2$$
両辺に $2Cl^-$ を加えて
$$Fe + 2HCl \longrightarrow FeCl_2 + H_2$$

□**6** 銅を熱濃硫酸に加えると，気体 $\boxed{1 \star\star}$ を発生しながら溶けて硫酸銅(II)を生じる。このとき，銅原子は
★★★ $\boxed{2 \star\star\star}$ される。
(大阪公立大)

（1）二酸化硫黄
　　 SO_2
（2）酸化

〈解説〉
$$Cu \longrightarrow Cu^{2+} + 2e^-$$
$$\underline{+)\ H_2SO_4 + 2H^+ + 2e^- \longrightarrow SO_2 + 2H_2O}$$
$$Cu + H_2SO_4 + 2H^+ \longrightarrow Cu^{2+} + SO_2 + 2H_2O$$
両辺に SO_4^{2-} を加えて
$$\underset{0}{Cu} + 2H_2SO_4 \longrightarrow \underset{+2}{CuSO_4} + SO_2 + 2H_2O$$
　　　　　　　　　　酸化数が増加
　　　　　　　　　　　＝
　　　　　　　　　　酸化される

□**7** 石油製品を製造する工程において，硫黄化合物は，水
★ 素と反応させて硫化水素として取り除かれる。取り除かれた硫化水素は，二酸化硫黄と反応させて $\boxed{1 \star}$ とし，回収されている。
(防衛大)

（1）硫黄 S

〈解説〉
$$2 \times (H_2S \longrightarrow S + 2H^+ + 2e^-)$$
$$\underline{+)\ SO_2 + 4H^+ + 4e^- \longrightarrow S + 2H_2O}$$
$$2H_2S + SO_2 \longrightarrow 3S + 2H_2O$$

5 酸化還元滴定

▼ ANSWER

□ 1
★★★
濃度不明の過酸化水素水の濃度を求めるために，過マンガン酸カリウム水溶液による滴定を行った。濃度不明の過酸化水素水 10.0mL を 1 ★★★ を用いてはかり取り，コニカルビーカーに移した。硫酸を用いて酸性にしたのち，0.0200mol/L の過マンガン酸カリウム水溶液を 2 ★★★ に入れて，少しずつ滴下した。完全に反応させるのに過マンガン酸カリウム水溶液 16.00mL が消費された。このとき，コニカルビーカー中の溶液は 3 ★★ 色を示していた。 (筑波大)

(1) ホールピペット
(2) ビュレット
(3) (淡)赤[(m)わずかに赤紫]

〈解説〉KMnO₄ を用いる滴定の場合，KMnO₄ は「酸化剤」と「指示薬」の2つの役割をもっているので指示薬を必要としない。

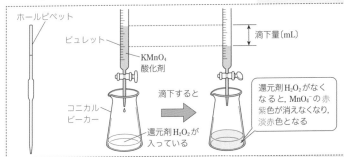

ホールピペット
ビュレット
KMnO₄ 酸化剤
滴下量〔mL〕
コニカルビーカー
滴下すると
還元剤 H₂O₂ が入っている
還元剤 H₂O₂ がなくなると，MnO₄⁻の赤紫色が消えなくなり，淡赤色となる

□ 2
★★
過マンガン酸カリウム 1mol は，硫酸酸性水溶液中で，過酸化水素 1 ★★ mol(2ケタ)により，過不足なく還元される。 (センター)

(1) 2.5

解き方

この場合のイオン反応式は，

$$2 \times (MnO_4^- + 8H^+ + 5e^- \longrightarrow Mn^{2+} + 4H_2O)$$
$$\underline{+) \ 5 \times (H_2O_2 \longrightarrow O_2 + 2H^+ + 2e^-)}$$
$$2MnO_4^- + 6H^+ + 5H_2O_2 \longrightarrow 2Mn^{2+} + 8H_2O + 5O_2$$

となるので，KMnO₄ と H₂O₂ は物質量〔mol〕の比が 2：5 で反応する。よって，KMnO₄ 1mol は H₂O₂ $\frac{5}{2}$ = 2.5mol により過不足なく還元される。

【第2部 理論化学】② 物質の変化　⑰ 酸化・還元

□**3** 1.00mol の KMnO$_4$ を含む硫酸酸性水溶液を H$_2$O$_2$ 水 (1) 56
★★ 溶液と反応させたところ，1.00mol の Mn^{2+} が生成し，
気体が発生した。この反応で発生した気体は0℃，1.013
×10^{5}Pa（標準状態）で □1★★ L（2 ケタ）となる。

（九州大）

解き方 $2MnO_4^- + 6H^+ + 5H_2O_2 \longrightarrow 2Mn^{2+} + 8H_2O + 5O_2$ より，

KMnO$_4$ 1mol から発生する O$_2$ は $\dfrac{5}{2}$ mol なので，

$$1.00 \quad \times \quad \frac{5}{2} \quad \times \quad 22.4 \quad = \quad 56L$$

KMnO$_4$〔mol〕　　O$_2$〔mol〕　　O$_2$〔L〕

□**4** 殺菌消毒用に用いるオキシドール（密度 1.00g/mL）は， (1) 3.06
★★ 主成分が過酸化水素である。オキシドール 2.00mL に，
2.00mol/L 硫酸 20.0mL を加え，0.0200mol/L 過マン
ガン酸カリウム水溶液で滴定したところ，36.0mL を
要した。よって，このオキシドールの質量パーセント
濃度は □1★★ %（3 ケタ）となる。H$_2$O$_2$ = 34.0

（東邦大）

解き方 $2MnO_4^- + 6H^+ + 5H_2O_2 \longrightarrow 2Mn^{2+} + 8H_2O + 5O_2$ より，

H$_2$O$_2$ と KMnO$_4$ は物質量〔mol〕の比が 5：2 で反応する。

H$_2$O$_2$ を x〔mol/L〕とすると，

$$\underbrace{\frac{x \text{ mol}}{1 L} \times \frac{2.00}{1000} L}_{H_2O_2 \text{〔mol〕}} : \underbrace{\frac{0.0200 \text{mol}}{1 L} \times \frac{36.0}{1000} L}_{KMnO_4 \text{〔mol〕}} = 5：2 \text{ が成立する。}$$

よって，$x = 0.90$mol/L

オキシドールの質量パーセント濃度は，

溶質〔g〕

$$\frac{0.90 \text{mol} \times \dfrac{34.0\text{g}}{1\text{mol}}}{1 L \times \dfrac{10^3 \text{mL}}{1 L} \times \dfrac{1.00\text{g}}{1\text{mL}}} \times 100 = 3.06\%$$

水溶液〔mol/L〕　　水溶液〔mL〕　　水溶液〔g〕

5 濃度のわからない過酸化水素水 10.0mL をコニカル
ビーカーに取り，希硫酸を加えたのち，2.0×10^{-2}mol/
L の過マンガン酸カリウム水溶液を滴下して，水溶液
の色が $\boxed{1 \star\star}$ 色から $\boxed{2 \star\star}$ 色に変化したときを
反応の終点とした。終点までに要した過マンガン酸カ
リウム水溶液の体積は 13.2mL であった。この過酸化
水素水のモル濃度は $\boxed{3 \star\star}$ mol/L（2ケタ）となる。

（立命館大）

(1) 無

(2) （淡）赤［例わず
かに赤紫］

(3) 6.6×10^{-2}

 解き方

酸化還元滴定の終点では，

$$\binom{\text{還元剤が終点までに}}{\text{放出した } e^- \text{ の物質量〔mol〕}} = \binom{\text{酸化剤が終点までに受け}}{\text{取った } e^- \text{ の物質量〔mol〕}}$$

の関係式が成り立つことを利用する。

求める H_2O_2 水溶液のモル濃度を x〔mol/L〕とする。

$$\underset{\times 2}{1\ H_2O_2 \longrightarrow O_2 + 2H^+ + 2\ e^-}$$

より，H_2O_2 は終点までに，

$$x \times \frac{10.0}{1000} \times 2\text{mol}$$

の e^- を放出し，

$$\underset{\times 5}{1\ MnO_4^- + 8H^+ + 5\ e^- \longrightarrow Mn^{2+} + 4H_2O}$$

より，$KMnO_4$（MnO_4^-）は終点までに，

$$2.0 \times 10^{-2} \times \frac{13.2}{1000} \times 5\text{mol}$$

の e^- を受け取るので，この滴定の終点では，

$$x \times \frac{10.0}{1000} \times 2 = 2.0 \times 10^{-2} \times \frac{13.2}{1000} \times 5$$

が成立する。

よって，$x = 6.6 \times 10^{-2}$mol/L

07

酸化・還元 **5** 酸化還元滴定

発展 □**6**
★★
濃度不明の過酸化水素水を 10mL 正確にはかりとり，これに過剰量の硫酸酸性ヨウ化カリウム水溶液を加えたところ，ヨウ素が生成し，溶液の色は褐色になった。この褐色の溶液に 0.10mol/L のチオ硫酸ナトリウム水溶液を滴下したところ，ヨウ素が反応して溶液の色が薄くなり，溶液の色は黄色になった。反応の終点を明確にするため，この黄色の溶液にデンプン水溶液を指示薬として加えたところ，溶液の色は │ 1★★ │ になった。この │ 1★★ │ の溶液にさらに 0.10mol/L のチオ硫酸ナトリウム水溶液を滴下したところ，全部で 20mL 加えたところで，ヨウ素がすべて反応し，溶液の色が │ 1★★ │ から │ 2★★ │ へ変化したため，滴下を終了した。よって，過酸化水素水は │ 3★ │ mol/L (2ケタ)となる。

(千葉工業大)

(1) 青紫色
(2) 無色
(3) 0.10

解き方

$$\frac{2I^- \longrightarrow I_2 + 2e^-}{H_2O_2 + 2H^+ + 2e^- \longrightarrow 2H_2O}$$
$$\overline{H_2O_2 + 2I^- + 2H^+ \longrightarrow I_2 + 2H_2O} \quad \cdots ①$$

$$\frac{I_2 + 2e^- \longrightarrow 2I^-}{2S_2O_3^{2-} \longrightarrow S_4O_6^{2-} + 2e^-}$$
$$\overline{I_2 + 2S_2O_3^{2-} \longrightarrow 2I^- + S_4O_6^{2-}} \quad \cdots ②$$

①式より H_2O_2 1mol から I_2 1mol が生成し，②式より I_2 1mol とチオ硫酸イオン $S_2O_3^{2-}$ 2mol，すなわち，I_2 1mol とチオ硫酸ナトリウム $Na_2S_2O_3$ 2mol が反応することがわかる。

過酸化水素水の濃度を x〔mol/L〕とすると次の式が成り立つ。

$$\underbrace{\frac{x \text{ mol } H_2O_2}{1\,L} \times \frac{10}{1000}\,L}_{H_2O_2\,\text{(mol)}} \times \underbrace{\frac{1\text{mol } I_2}{1\text{mol } H_2O_2}}_{I_2\,\text{(mol)}} \times \underbrace{\frac{2\text{mol } Na_2S_2O_3}{1\text{mol } I_2}}_{Na_2S_2O_3\,\text{(mol)}}$$

$$= \underbrace{\frac{0.10\text{mol}}{1\,L} \times \frac{20}{1000}\,L}_{Na_2S_2O_3\,\text{(mol)}} \qquad \text{よって，} \quad x = 0.10\text{mol/L}$$

第08章

酸化還元反応

1 金属のイオン化傾向

▼ANSWER

□1 ★★★ 金属の 1★★ が，水溶液中で電子を放出して 2★★ になる性質の強さを表す指標を，金属の 3★★★ という。（東北大）

(1) 単体
(2) 陽イオン
(3) イオン化傾向

〈解説〉イオン化列：いろいろな金属をイオン化傾向の大きなものから順に並べた列。

（大きい）　イオン化傾向　（小さい）

← 順序は暗記!!

リ カ バ カ ナ マ ア ア テ ニ ス ナ ヒ ド ス ギる 借 金
Li K Ba Ca Na Mg Al Zn Fe Ni Sn Pb (H_2) Cu Hg Ag Pt Au

□2 ★★ イオン化傾向が大きい金属ほど 1★★ されやすい。（東北大）

(1) 酸化

□3 ★★★ 金属の反応は 1★★★ に密接に関連しており，電池や電気分解における化学反応を理解する上で重要な要素である。（東北大）

(1) イオン化傾向

□4 ★★ 硫酸銅(Ⅱ)の水溶液に鉄板を浸すと，その表面に 1★★ が生じる。（島根大）

(1) 銅樹 Cu [別]銅]

〈解説〉イオン化傾向は Fe ＞ Cu なので，イオン化傾向の大きな Fe がイオン化傾向の小さな Cu を追い出す。

$$\begin{aligned} &\mathrm{Fe} \longrightarrow \mathrm{Fe^{2+}} + 2e^- \\ +)\ &\mathrm{Cu^{2+}} + 2e^- \longrightarrow \mathrm{Cu} \\ \hline &\mathrm{Fe} + \mathrm{Cu^{2+}} \longrightarrow \mathrm{Fe^{2+}} + \mathrm{Cu} \end{aligned}$$

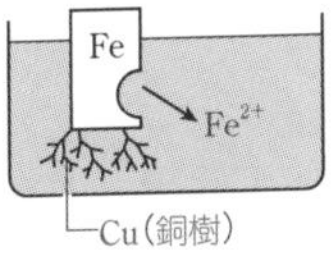

□5 ★★★ 硝酸銀水溶液の入った試験管に銅板を入れたところ，銅板付近では溶液が青色に変わるとともに析出物が生じた。この反応は，銀よりも銅のイオン化傾向が 1★★★ ためにおこる反応である。（長崎大）

(1) 大きい

〈解説〉イオン化傾向は Cu ＞ Ag なので次の反応が起こり，Ag が析出してくる。

$$\mathrm{Cu} + 2\mathrm{Ag^+} \longrightarrow \mathrm{Cu^{2+}} + 2\mathrm{Ag}$$

Cu²⁺：青色　2Ag：銀樹となる

□ **6** 亜鉛は銅よりも $\boxed{1 \star\star\star}$ が大きいので，硫酸銅(II)水
★★★ 溶液中に亜鉛板を浸すと，その亜鉛は $\boxed{2 \star\star}$ され
$\boxed{3 \star\star}$ となる。 （岡山大）

(1) イオン化傾向
(2) 酸化
(3) 亜鉛イオン Zn^{2+}

〈解説〉イオン化傾向は Zn > Cu なので次の反応が起こり，Cu が析
出してくる。
$$Zn + Cu^{2+} \longrightarrow Zn^{2+} + Cu$$

□ **7** Ag, Zn, Au, Fe の金属板のうち，硫酸銅(II)水溶液に入
★ れると，金属板の表面に銅が析出するのは，$\boxed{1 \star}$ と
$\boxed{2 \star}$ （順不同）の板である。 （大阪公立大）

(1) Zn
(2) Fe

〈解説〉イオン化傾向 Zn > Fe > Cu > Ag > Au
Cu を析出させることができる。

□ **8** イオン化傾向の大きいナトリウムは常温の水と反応し，
★★ 空気中でも速やかに $\boxed{1 \star\star}$ する。 （甲南大）

(1) 酸化

〈解説〉水や空気中の O_2 との反応

イオン化列	Li K Ba Ca Na	Mg	Al Zn Fe Ni Sn Pb	(H₂) Cu Hg Ag	Pt Au
水との反応	常温の水と反応する	熱水と反応する	高温の水蒸気と反応する	反応しにくい	
空気中の O_2 との反応	常温で速やかに酸化される	加熱により酸化される	強熱により酸化される		酸化されない

□ **9** 水はイオン化傾向の大きい金属に対して $\boxed{1 \star}$ と
★ してはたらく。 （立教大）

(1) 酸化剤

〈解説〉Na と冷水の反応
$$\begin{array}{l} 2 \times (Na \longrightarrow Na^+ + e^-) \\ \underline{+) \ 2H_2O + 2e^- \longrightarrow H_2 + 2OH^-} \\ 2Na + 2H_2O \longrightarrow 2NaOH + H_2 \end{array}$$
$\left. \begin{array}{l} 2H^+ + 2e^- \longrightarrow H_2 \\ \text{の両辺に } 2OH^- \text{を加} \\ \text{えてつくってもよい} \end{array} \right.$

$+1 \longrightarrow 0$
酸化数が減少している ➡ H_2O は酸化剤

□ **10** イオン化傾向の大きなカルシウムは，$\boxed{1 \star\star}$ 作用が
★★ 強く，常温の水と反応して $\boxed{2 \star\star}$ が発生する。
（岡山大）

(1) 還元
(2) 水素 H_2

〈解説〉還元剤である Ca は酸化されて，$Ca(OH)_2$ が生成する。
$$Ca + 2H_2O \longrightarrow Ca(OH)_2 + H_2$$

□**11** アルミニウムは，冷水や熱水とは反応しないものの，高
★★ 温水蒸気と反応して気体である [1 ★★] を発生する
性質を持つ。 (高知大)

(1) 水素 H_2

〈解説〉 $2Al + 3H_2O \longrightarrow Al_2O_3 + 3H_2$

□**12** イオン化傾向がナトリウムより [1 ★★] ，水素より大
★★ きい亜鉛は希塩酸に溶ける。 (甲南大)

(1) 小さく

〈解説〉酸との反応

イオン化列	Li K Ba Ca Na Mg Al Zn Fe Ni Sn Pb	(H₂) Cu Hg Ag	Pt Au
酸との反応	希硫酸・塩酸に溶けて水素を発生する(注1)		
	熱濃硫酸・濃硝酸・希硝酸に溶けて SO_2・NO_2・NO を発生する(注2)		
	王水(濃硝酸：濃塩酸＝1：3 ◀体積比)に溶ける		

(注1) Pb は，希硫酸や塩酸とは難溶性の $PbSO_4$ や $PbCl_2$ にその表面がおおわれてしまうためほとんど反応しない。

(注2) Fe，Ni，Al(→「手にある」と覚える！)などの金属は，濃硝酸 HNO_3 にはその表面にち密な酸化被膜(この状態を不動態という)ができて溶けにくい。

□**13** 鉄は希硫酸に溶けるのに対して，銀や銅は溶けない。こ
★★★ れは，鉄のイオン化傾向が水素よりも [1 ★★★] のに対
して，銀と銅は [2 ★★★] ためである。 (長崎大)

(1) 大きい
(2) 小さい

□**14** 銅は塩酸や希硫酸には溶解 [1 ★★] が，熱濃硫酸や硝
★★ 酸には溶解 [2 ★★] 。 (広島大)

(1) しない
(2) する

□**15** 鉄はイオン化傾向が比較的大きくさびやすいが，濃硝
★★★ 酸中では [1 ★★★] を形成する。 (新潟大)

(1) 不動態

□**16** 鉄はアルミニウム，ニッケルとともに濃硝酸に溶けな
★★★ い。これは，金属表面に緻密な [1 ★★★] を生じ，内部
が保護されるからである。このような状態を [2 ★★★]
という。 (宮崎大)

(1) 酸化被膜
(2) 不動態

□17 金属亜鉛は，酸とも塩基とも反応する。例えば，酸との反応では，亜鉛 Zn に希硫酸を加えると，亜鉛は気体を発生しながら溶けて，$\boxed{1 \star\star}$ になる。　（山口大）

〈解説〉①酸の水溶液とも強塩基の水溶液とも反応して，それぞれ塩をつくるような金属を両性金属という。
両性金属は，Al(あ)Zn(あ)Sn(すん)Pb(なり)と覚えておく。
②$Zn + H_2SO_4 \longrightarrow ZnSO_4 + H_2$

(1) 亜鉛イオン Zn^{2+}
[例硫酸亜鉛
$ZnSO_4$]

□18 銅に濃硫酸を加えて加熱すると，$\boxed{1 \star\star}$ が発生する。
（松山大）

〈解説〉$Cu + 2H_2SO_4(熱濃) \longrightarrow CuSO_4 + SO_2 + 2H_2O$

(1) 二酸化硫黄
SO_2

□19 銅は塩酸や希硫酸とは反応しないが，酸化作用の強い濃硝酸や希硝酸には反応して溶ける。濃硝酸と反応したときは赤褐色の有毒な気体である $\boxed{1 \star\star}$ が発生し，希硝酸との反応では，水に溶けにくい無色の気体である $\boxed{2 \star\star}$ が発生する。　（岐阜大）

〈解説〉$Cu + 4HNO_3(濃) \longrightarrow Cu(NO_3)_2 + 2NO_2 + 2H_2O$
$3Cu + 8HNO_3(希) \longrightarrow 3Cu(NO_3)_2 + 2NO + 4H_2O$

(1) 二酸化窒素
NO_2
(2) 一酸化窒素
NO

□20 銀は塩酸や希硫酸には溶解しないが，硝酸には溶解して $\boxed{1 \star\star}$ や $\boxed{2 \star\star}$ （順不同）を発生する。　（広島大）

〈解説〉$3Ag + 4HNO_3(希) \longrightarrow 3AgNO_3 + NO + 2H_2O$
$Ag + 2HNO_3(濃) \longrightarrow AgNO_3 + NO_2 + H_2O$

(1) 一酸化窒素
NO
(2) 二酸化窒素
NO_2

□21 白金は化学的に安定であり，特に酸に対する耐性が強い。そのため，白金を溶かすには，金を溶かす場合と同様に，$\boxed{1 \star}$ と呼ばれる液体が用いられる。$\boxed{1 \star}$ は，共に強酸である $\boxed{2 \star}$ と $\boxed{3 \star}$ を体積比 1：3 で混合した液体である。
（神戸大）

(1) 王水
(2) 濃硝酸 HNO_3
(3) 濃塩酸 HCl

□22 金の単体は硝酸や熱濃硫酸にも溶けないが，濃硝酸と $\boxed{1 \star}$ の体積比 1：3 の混合物（王水）には溶ける。金の単体はやわらかく，$\boxed{2 \star\star\star}$ （線状に引きのばしやすい性質）や $\boxed{3 \star\star\star}$ （薄く広げて箔にしやすい性質）が単体の中でもっとも大きい。
（埼玉大）

(1) 濃塩酸 HCl
(2) 延性
(3) 展性

□**23** さびから鉄を守る方法として，その表面に他の金属を
★ 析出させるめっき法がある。鉄の表面に亜鉛をめっき
したものが │ 1★ │ であり，スズをめっきしたものが
│ 2★ │ である。 　　　　　　　　　　（立教大）

(1) トタン
(2) ブリキ

〈解説〉イオン化傾向は Zn > Fe > Sn なので，傷さえつかなけれ
ばトタンよりブリキの方がさびにくい。

□**24** │ 1★ │ では表面に傷がつき，鉄が露出しても，亜鉛
★ が内部の鉄の腐食を防止するのに対し，│ 2★ │ では
鉄が露出すると，鉄の腐食が促進される。 　（北海道大）

(1) トタン
(2) ブリキ

〈解説〉トタンでは，表面に傷がつき鉄が露出しても，イオン化傾
向は Zn > Fe なので，Zn が Zn^{2+} となり Fe の腐食を防止
することができるが，ブリキでは，イオン化傾向は Fe > Sn
なので，Fe が Fe^{2+} となって Fe の腐食が促進される。

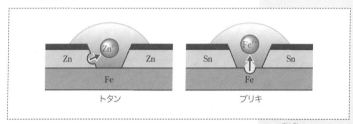

トタン　　　　　　　　　ブリキ

□**25** 食品の腐敗を防ぐ手段として，加熱殺菌後の密封，冷
★ 凍保存，乾燥，塩漬けが一般的に行われている。また，
食品の変質を防ぐため，空気，光，熱，│ 1★ │ を食
品から遮断している。空気中の酸素による酸化を防ぐ
ために，│ 2★ │ の封入，脱酸素剤および真空パック
の利用が行われている。 　　　　　　　　　（センター）

(1) 水分
(2) 窒素 N_2

□**26** アスコルビン酸は，│ 1★★ │ 作用を示すため，例えば，
★★ お茶などの清涼飲料水に │ 2★★ │ 防止剤として加え
られている。アスコルビン酸は，ヒトの生存・生育に
必要な栄養素で，│ 3★★ │ とよばれている。 （金沢大）

(1) 還元
(2) 酸化
(3) ビタミン C

2 電池・ボルタ電池・ダニエル電池　▼ ANSWER

電池

□**1**
★★★
化学電池は単に電池ともいい，一般に酸化還元反応により $\boxed{1 ★★}$ エネルギーを $\boxed{2 ★★}$ エネルギーに変換して取り出す装置のことを指す。電池には，使い捨ての $\boxed{3 ★★★}$ と充電により繰り返し使うことができる $\boxed{4 ★★★}$ がある。$\boxed{4 ★★★}$ は蓄電池とも呼ばれる。

（慶應義塾大）

(1) 化学
(2) 電気
(3) 一次電池
(4) 二次電池

□**2**
★★★
図のように電球をつないだところ，金属板Ａから金属板Ｂに導線を介して電流が流れた。このとき金属板Ａと金属板Ｂの間で発生する電位差を，電池の $\boxed{1 ★★★}$ という。また，導線に電子を送り出す極を $\boxed{2 ★★★}$ 極，導線から電子が流れ込む極を $\boxed{3 ★★★}$ 極といい，このように電池の両極を導線でつないで電流を流すことを，電池の $\boxed{4 ★★}$ という。　（茨城大）

電球 ⓜ　電流
金属板Ｂ　金属板Ａ
水溶液　水溶液
素焼き板

〈解説〉電位：電圧を高さの位置のように表したもの。
　　　　電圧（単位：ボルト〔Ｖ〕）：電流を流そうとするはたらきの大きさ。

(1) 起電力
(2) 負
(3) 正
(4) 放電

□**3**
★★★
電流は $\boxed{1 ★★★}$ 極から $\boxed{2 ★★★}$ 極へ，また電子は $\boxed{3 ★★★}$ 極から $\boxed{4 ★★★}$ 極へ流れる。電池は一般に，$\boxed{5 ★★★}$ の異なった二種類の金属を電極として電解液に浸し，電気的に接続することでつくられる。

（名城大）

(1) 正
(2) 負
(3) 負
(4) 正
(5) イオン化傾向

□**4**
★★★
異なる２種類の金属を電解質溶液に浸し導線で結ぶと，$\boxed{1 ★★★}$ の大きな金属から小さな金属へ $\boxed{2 ★★★}$ が移動して電池ができる。　（岡山大）

〈解説〉イオン化傾向の大きな金属板が負極になる。

(1) イオン化傾向
(2) 電子 e^-

□ **5**
★★★
電池には，正極と負極があり，その間を導線で結び，電子の流れを電流として外部に取り出している。導線に電子が流れ出る $\boxed{1 ★★★}$ 極では $\boxed{2 ★★★}$ 反応がおこり，導線から電子が流れ込む $\boxed{3 ★★★}$ 極では $\boxed{4 ★★★}$ 反応がおこる。

(岡山大)

(1) 負
(2) 酸化
(3) 正
(4) 還元

□ **6**
★★★
電池の構成を一般的に表す場合には，左側に $\boxed{1 ★★★}$ 極，中央に $\boxed{2 ★★}$ ，右側に $\boxed{3 ★★★}$ 極を書く。

(工学院大)

(1) 負
(2) 電解質
[⑩電解液]
(3) 正

〈解説〉例 $(-)Zn \mid H_2SO_4aq \mid Cu(+)$ ボルタ電池
aq は水溶液を表す。

□ **7**
★★★
電池から電気エネルギーを取り出すことを $\boxed{1 ★★★}$ といい，外部から電気エネルギーを与えて $\boxed{2 ★★★}$ を回復させる操作を $\boxed{3 ★★★}$ という。

(岡山大)

(1) 放電
(2) 起電力
(3) 充電

08

酸化還元反応

2

電池・ボルタ電池・ダニエル電池

発展 | **ボルタ電池** | $(-)Zn \mid H_2SO_4aq \mid Cu(+)$ 起電力 1.1V

□ **8**
★★
ボルタ電池の構造は次のようになっている。ここで aq は水溶液を表す。

$$Zn \mid H_2SO_4aq \mid Cu$$

この電池の正極は $\boxed{1 ★★}$ である。放電が始まると $\boxed{2 ★★}$ から気体 $\boxed{3 ★★}$ が発生する。正極および負極でおこっている変化を e^- を用いた反応式で表せば，それぞれ $\boxed{4 ★★}$ ， $\boxed{5 ★★}$ のようになる。 (金沢大)

(1) 銅(板) Cu
(2) 正極 [⑩銅板]
(3) 水素 H_2
(4) $2H^+ + 2e^-$
$\longrightarrow H_2$
(5) $Zn \longrightarrow Zn^{2+} + 2e^-$

〈解説〉ボルタ電池
Zn は Cu よりもイオン化傾向が大きいので，Zn が Zn^{2+} になるとともに，亜鉛板から銅板に向かって e^- が流れる。この流れてくる e^- を銅板の表面上で H^+ が受け取って H_2 が発生する。

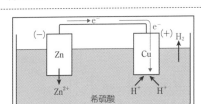

負極：$Zn \longrightarrow Zn^{2+} + 2e^-$
正極：$2H^+ + 2e^- \longrightarrow H_2$

□**9**　ボルタ電池には，放電後すぐに，電池の 1★★ （電
★★ 圧の低下）が起こるという欠点があった。　　　（岩手大）

(1) 分極（ぶんきょく）

□**10**　ボルタ電池は充電のできない 1★★ 電池に分類さ
★★ れる。ボルタ電池は，約 1.1V の起電力をもつが，電
流を流すと急激な電圧の低下がおこる。これは，正極
の反応において生成する 2★★ が電極表面に残っ
て反応の進行を阻害するという電池の分極がおこるた
めである。これを防ぐために減極剤を電解液に加える
と，電圧は回復する。　　　　　　　　　　（岐阜大）

(1) 一次（いちじ）
(2) 水素（すいそ）H_2

〈解説〉減極剤（酸化剤）：過酸化水素 H_2O_2 やニクロム酸カリウム
　　　　$K_2Cr_2O_7$ など

発展｜ダニエル電池｜ $(-)Zn \mid ZnSO_4aq \mid CuSO_4aq \mid Cu(+)$　起電力 1.1V

□**11**　ダニエル電池やボルタ電池では，イオン化傾向の
★★★ 1★★★ な金属が負極となる。　　　（神戸薬科大）

(1) 大（おお）き

□**12**　亜鉛板を浸した硫酸亜鉛水溶液と銅板を浸した硫酸銅
★★★ (II)水溶液を素焼き板で仕切り，それぞれの溶液が混じ
り合わないようにした。両金属板を導線で結ぶと，電流は
導線上を 1★ の方向に流れた。このとき，正極でお
こる化学反応は，2★★★ で表される。ボルタ電池を改
良したこの電池は 3★★★ 電池とよばれる。（滋賀医科大）

(1) 銅（どう）(板)（ばん） Cu から
　亜鉛（あえん）(板)（ばん） Zn
　[⑩正極（せいきょく）から負（ふ）
　極（きょく）]
(2) $Cu^{2+} + 2e^-$
　$\longrightarrow Cu$
(3) ダニエル

〈解説〉ダニエル電池
　　　　亜鉛 Zn 板を浸した硫酸亜鉛 $ZnSO_4$ 水溶液と銅 Cu 板を浸
　　　　した硫酸銅(II) $CuSO_4$ 水溶液を素焼き板で仕切り，導線で
　　　　結んだ電池である。Zn は Cu よりもイオン化傾向が大きい
　　　　（陽イオンになりやすい）ので，還元剤である Zn が Zn^{2+} に
　　　　なるとともに，Zn 板から Cu 板に向かって電子 e^- が流れ
　　　　る。この流れてくる e^- を Cu 板の表面上で酸化剤である
　　　　Cu^{2+} が受け取って Cu が析出する。

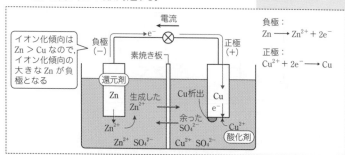

負極：
$Zn \longrightarrow Zn^{2+} + 2e^-$

正極：
$Cu^{2+} + 2e^- \longrightarrow Cu$

□ **13**
★★★
ダニエル電池は，負極の □ 1 ★★★ 板を □ 2 ★★★ 水溶液に，正極の □ 3 ★★★ 板を □ 4 ★★★ 水溶液にそれぞれ浸し，□ 2 ★★★ 水溶液と □ 4 ★★★ 水溶液の間を素焼き板で仕切ったものである。

(三重大)

(1) 亜鉛 Zn
(2) 硫酸亜鉛
    $ZnSO_4$
(3) 銅 Cu
(4) 硫酸銅(II)
    $CuSO_4$

□ **14**
★★★
□ 1 ★★★ 電池は以下の構成で表される。

$(-)Zn \mid ZnSO_4aq \mid CuSO_4aq \mid Cu(+)$

この電池を放電させると，負極と正極では以下の反応が進行し，電流を取り出すことができる。

(負極) □ 2 ★★★ 　　　(正極) □ 3 ★★★ (東京電機大)

(1) ダニエル
(2) $Zn \longrightarrow Zn^{2+}$
    $+ 2e^-$
(3) $Cu^{2+} + 2e^-$
    $\longrightarrow Cu$

□ **15**
★★★
ダニエル電池の負極ではイオン化傾向の大きな □ 1 ★★★ が □ 2 ★★ されることでイオンとなって溶け出し，正極では □ 3 ★★★ イオンが電子を受け取ることで □ 4 ★★ され，電極上に金属として析出する。

(岐阜大)

(1) 亜鉛 Zn
(2) 酸化
(3) 銅(II) Cu^{2+}
(4) 還元

□ **16**
★★★
ダニエル電池では，放電すると正極板の質量は □ 1 ★★★ し，負極板の質量は □ 2 ★★★ する。(芝浦工業大)

〈解説〉正極には銅 Cu が析出し，負極は亜鉛 Zn が溶解する。

(1) 増加
(2) 減少

08
酸化還元反応 **2**
電池・ボルタ電池・ダニエル電池

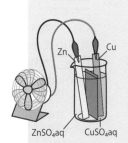

3 〈発展〉鉛蓄電池・燃料電池 ▼ANSWER

鉛蓄電池 (−)Pb | H_2SO_4aq | PbO_2(+) 起電力2.0V

□**1** ★★★ 鉛蓄電池では正極に [1★★★]，負極に [2★★★]，電解質に [3★★★] 水溶液を用いる。 （名城大）

(1) 酸化鉛(Ⅳ) PbO_2
(2) 鉛 Pb
(3) (希)硫酸 H_2SO_4

□**2** ★★ 鉛蓄電池は，化学電池のうちの充電および放電が可能な [1★★] 電池の代表的なものの一つで，Pb電極，PbO_2電極および希硫酸電解液から構成されている。充電−放電を一つの式で表すと①式のようになる。放電時には，反応は右向きに進行する。

$$Pb + PbO_2 + 2H_2SO_4 \rightleftarrows 2PbSO_4 + 2H_2O \cdots ①$$

放電に伴って，電解液中の硫酸濃度が変化し，電解液の密度は [2★★] なる。 （岐阜大）

〈解説〉①式を見ると，放電に伴い硫酸 H_2SO_4 が減少し水 H_2O が増加することがわかる。

(1) 二次［[別]蓄］
(2) 小さく

□**3** ★★★ 鉛蓄電池は充電可能で，その酸化還元反応式は以下の通りである。ただし，[3★★★]，[4★★★] には放電または充電の語句が入る。

$$Pb + \boxed{1\bigstar\bigstar\bigstar} + 2H_2SO_4 \underset{\boxed{4\bigstar\bigstar\bigstar}}{\overset{\boxed{3\bigstar\bigstar\bigstar}}{\rightleftarrows}} 2\,\boxed{2\bigstar\bigstar\bigstar} + 2H_2O$$

（金沢大）

(1) PbO_2
(2) $PbSO_4$
(3) 放電
(4) 充電

□**4** ★★★ [1★★★] である鉛蓄電池は自動車のバッテリーに利用されており，[2★★★] には鉛が，[3★★★] には酸化鉛(Ⅳ)が，電解液には希硫酸が用いられる。放電時には，両極の表面に水に溶け [4★★] い [5★★] 色の [6★★] が析出し，電解液の密度は [7★★]。（鳥取大）

〈解説〉鉛蓄電池
Pbが還元剤で負極，PbO_2が酸化剤で正極となる。e^-が流れるとPbおよびPbO_2は，ともにPb^{2+}に変化した後に希硫酸中のSO_4^{2-}と結びつき，水に不溶な$PbSO_4$となって，極板の表面に析出する。

(1) 二次電池［[別]蓄電池］
(2) 負極
(3) 正極
(4) にく
(5) 白
(6) 硫酸鉛(Ⅱ) $PbSO_4$
(7) 小さくなる［[別]低くなる］

□ **5**
★★★
鉛蓄電池では，負極には $\boxed{1 \text{★★★}}$ が，正極には $\boxed{2 \text{★★★}}$ が用いられる。また，電解液には希硫酸が用いられる。電池の両極を導線で接続し放電したとき，負極では $\boxed{1 \text{★★★}}$ の $\boxed{3 \text{★★★}}$ 反応が，正極では $\boxed{2 \text{★★★}}$ の $\boxed{4 \text{★★★}}$ 反応がおこる。 (三重大)

(1) 鉛 Pb
(2) 酸化鉛(Ⅳ) PbO_2
(3) 酸化
(4) 還元

〈解説〉

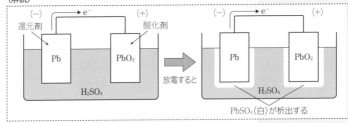

□ **6**
★★★
鉛蓄電池を放電させたとき，各電極で次の反応がおこる。

負極：$Pb + \boxed{1 \text{★★★}} \longrightarrow PbSO_4 + \boxed{2 \text{★★★}}$

正極：$PbO_2 + \boxed{3 \text{★★★}} \longrightarrow PbSO_4 + \boxed{4 \text{★★★}}$

(センター)

(1) SO_4^{2-}
(2) $2e^-$
(3) $4H^+ + SO_4^{2-}$ $+ 2e^-$
(4) $2H_2O$

〈解説〉負極と正極の反応式のつくり方

負極： $Pb \longrightarrow Pb^{2+} + 2e^-$ ◀ Pb は酸化されて Pb^{2+} へ

$+) \quad SO_4^{2-} \qquad\qquad SO_4^{2-}$ ◀ Pb^{2+}が SO_4^{2-}と結びつく

$\overline{Pb + SO_4^{2-} \longrightarrow PbSO_4 + 2e^-}$

正極：$PbO_2 + 4H^+ + 2e^- \longrightarrow Pb^{2+} + 2H_2O$ ◀ PbO_2は還元されて Pb^{2+}へ

$+) \quad SO_4^{2-} \qquad\qquad SO_4^{2-}$ ◀ Pb^{2+}が SO_4^{2-}と結び

$\overline{PbO_2 + 4H^+ + SO_4^{2-} + 2e^- \longrightarrow PbSO_4 + 2H_2O}$ つく

□ **7**
★
鉛蓄電池の起電力はおよそ $\boxed{1 \text{★}}$ V である。(明治大)

(1) 2.0

□ **8**
★★
鉛蓄電池を充電する場合，鉛蓄電池の $\boxed{1 \text{★★}}$ 極の鉛板と $\boxed{2 \text{★★}}$ 極の酸化鉛（Ⅳ）板を，外部電源の $\boxed{3 \text{★★}}$ 極と $\boxed{4 \text{★★}}$ 極にそれぞれ接続することで起電力が回復する。 (日本大)

(1) 負
(2) 正
(3) 負
(4) 正

〈解説〉充電は，－と－，＋と＋を接続する。

燃料電池　(−)H₂ | H₃PO₄aq | O₂(+)や(−)H₂ | KOHaq | O₂(+)など　起電力1.2V

□**9**
★★
水素ガスと酸素ガスが反応して水(液体)が生成する反応は，| 1 ★ | 反応である。この反応をたくみに利用して，反応のエネルギーを直接電気エネルギーとして取り出す装置が | 2 ★★★ | 電池である。　(名古屋大)

(1) 発熱(はつねつ)
(2) 燃料(ねんりょう)

□**10**
★★
燃料電池の内部では化学反応のおこる場所が物理的に2箇所に隔離されており，2種類の反応が電池内部の別々の場所で進行している。| 1 ★★ | では，燃料が電子を失う | 2 ★★ | がおこり，| 3 ★★ | では，酸化剤の | 4 ★★ | がおこっている。　(愛媛大)

(1) 負極(ふきょく)
(2) 酸化(さんか)(反応(はんのう))
(3) 正極(せいきょく)
(4) 還元(かんげん)(反応(はんのう))

応用 □**11**
★★
図の燃料電池では，リン酸水溶液を電解液，触媒作用をもつ多孔質金属膜を電極として用いている。A極側に水素をB極側に酸素をそれぞれ供給すると，A極側では | 1 ★★ | で表される反応が起こり，ここで生じた | 2 ★★ | が外部回路を，同じく生じた | 3 ★★ | が電解液中をB極側へと移動する。B極側ではそれぞれ移動してきた | 2 ★★ | と | 3 ★★ | などにより | 4 ★★ | で表される反応が起こり，| 5 ★★ | が生成物として外部に放出される。

(1) $H_2 \longrightarrow$
　$2H^+ + 2e^-$
　$[動2H_2 \longrightarrow$
　$4H^+ + 4e^-]$
(2) 電子(でんし) e^-
(3) 水素(すいそ)イオン H^+
(4) $O_2 + 4H^+ +$
　$4e^- \longrightarrow 2H_2O$
(5) 水(みず) H_2O

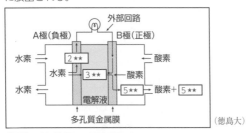

外部回路

A極(負極)　　B極(正極)

水素　→ | 2 ★★ | ← 酸素

水素　→ | 3 ★★ | ← 酸素

水素　→ | 5 ★★ | ← 酸素+ | 5 ★★ |

電解液

多孔質金属膜

(徳島大)

〈解説〉A極が負極，B極が正極になる。

応用 □**12** 電解液に水酸化カリウム水溶液を使ったアルカリ形燃
★★ 料電池では，おのおのの電極で次の①式もしくは②式
で示される反応がおこる。ここで①式の反応がおこ
る □1★★ 極では，□2★★ の □3★★ 反応がおき，
一方②式の反応がおこる □4★★ 極では，□5★★
の □6★★ 反応がおこる。したがって，燃料電池でお
こる全体の反応（③式）は □7★★ の電気分解と
□8★★ 向きの反応である。

$$H_2 + 2OH^- \longrightarrow 2H_2O + 2e^- \cdots ①$$

$$\frac{1}{2}O_2 + H_2O + 2e^- \longrightarrow 2OH^- \cdots ②$$

$$\boxed{9★★} + \frac{1}{2}\boxed{10★★} \longrightarrow \boxed{11★★} \cdots ③$$

（東京理科大）

〈解説〉③式は，①式＋②式よりつくる。

(1) 負
(2) 水素 H_2
(3) 酸化
(4) 正
(5) 酸素 O_2
(6) 還元
(7) 水 H_2O
(8) 逆
(9) H_2
(10) O_2
(11) H_2O

□**13** 水素－酸素燃料電池について，正極に □1★★ ，負極
★★ に □2★★ をそれぞれ活物質として供給し，電解液と
して KOH 水溶液を用いたものは，有人宇宙船の電源
に用いられ，発電後に生じた □3★★ は，乗組員の飲
料として使われた実績がある。　　　（東京理科大）

(1) 酸素 O_2
(2) 水素 H_2
(3) 水 H_2O

応用 □**14** 図の負極と正極でおこる反
★★ 応について，以下の反応式
の空欄の適切な係数を答え
よ。

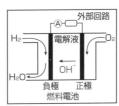

負極：$H_2 + \boxed{1★★} OH^-$
　　　$\longrightarrow \boxed{2★★} H_2O + \boxed{3★★} e^-$

正極：$O_2 + \boxed{4★★} H_2O + \boxed{5★★} e^-$
　　　$\longrightarrow \boxed{6★★} OH^-$

（電気通信大）

(1) 2
(2) 2
(3) 2
(4) 2
(5) 4
(6) 4

〈解説〉電解質として KOH などの塩基を用いた場合は酸を用いた
ときの反応を中和することで反応式をつくればよい。

負極：$H_2 \longrightarrow 2H^+ + 2e^-$
　+) 　　$2OH^-$　　　$2OH^-$
　　$H_2 + 2OH^- \longrightarrow 2H_2O + 2e^-$

正極：$O_2 + 4H^+ + 4e^- \longrightarrow 2H_2O$
　+) 　$4OH^-$　　　　$4OH^-$
　　$O_2 + 2H_2O + 4e^- \longrightarrow 4OH^-$

08
酸化還元反応 **3** 〈発展〉鉛蓄電池・燃料電池

4 〈発展〉さまざまな電池

▼ ANSWER

マンガン乾電池 (−)Zn | $ZnCl_2$aq，NH_4Claq | MnO_2(+)など　起電力 1.5V

□1 ★★ 亜鉛板の容器に酸化マンガン(Ⅳ)と炭素粉末と塩化アンモニウムをねりあわせたものをつめ，その中心部に炭素棒を入れたものは [1★★] 電池である。この電池では亜鉛板が [2★★] 極になる。なお，酸化マンガン(Ⅳ)は [3★] を防止する役割を果たしている。

（明治大）

(1) マンガン(乾)［[別]乾］
(2) 負
(3) 分極

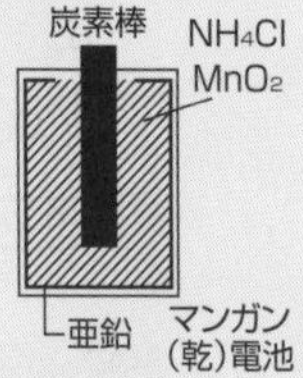

□2 ★★ マンガン乾電池では，負極には亜鉛が，正極には [1★] が用いられ，この電池が放電するときは，負極から正極に移動した電子が [1★] を [2★★] する。したがって，この電池では [3★] が発生しないため，分極がおこらない。

（星薬科大）

〈解説〉Zn が還元剤で負極，MnO_2 が酸化剤で正極。
負極：$Zn + 4NH_4^+ \longrightarrow [Zn(NH_3)_4]^{2+} + 4H^+ + 2e^-$
正極：$MnO_2 + H^+ + e^- \longrightarrow MnO(OH)$など

(1) 酸化マンガン(Ⅳ) MnO_2
(2) 還元
(3) 水素 H_2

[応用] □3 ★★ 実用電池の一つであるマンガン乾電池では，正極活物質に [1★] が用いられ，負極活物質には [2★★] が用いられている。

この電池を放電したとき，負極では，[2★★] イオンが溶出する。一方，正極では，[1★] が反応するが，[3★] である [1★] があるために，ボルタ電池のように [4★] は発生せず，これによる [5★] はおこらない。よって，起電力の [6★] が抑えられる。ここで，マンガン乾電池の起電力は室温で約 [7★] V であり，ダニエル電池と比較すると，[8★]。

（東京理科大）

〈解説〉負極では Zn^{2+} が溶出し，$[Zn(NH_3)_4]^{2+}$ となる。
ダニエル電池の起電力は約 1.1V。

(1) 酸化マンガン(Ⅳ) MnO_2
(2) 亜鉛
(3) 酸化剤
(4) 水素 H_2
(5) 分極
(6) 減少［[別]低下］
(7) 1.5
(8) 大きい

アルカリマンガン乾電池 $(-)\mathrm{Zn} \mid \mathrm{KOHaq} \mid \mathrm{MnO_2}(+)$　起電力 1.5V

□**4**
★
アルカリマンガン乾電池では，マンガン乾電池と異なる電解液である $\boxed{1\,★}$ 水溶液に，$\boxed{2\,★}$ の酸化物の粉末などを混ぜて用いる。このような構造をとることにより，アルカリマンガン乾電池では，マンガン乾電池と比べて $\boxed{3\,★}$ を長時間安定して取り出すことができる。

(東京理科大)

(1) 水酸化カリウム
　　KOH
(2) 亜鉛 Zn
(3) (大) 電流

〈解説〉還元剤である亜鉛 Zn が負極，酸化剤である酸化マンガン(Ⅳ) $\mathrm{MnO_2}$ が正極。

正極

負極合剤(Zn, KOHaq, ZnO)

正極合剤 ($\mathrm{MnO_2}$, C粉末)

負極

□**5**
★★
アルカリマンガン乾電池は，正極に $\boxed{1\,★★}$ ，負極に $\boxed{2\,★★}$ を用いた電池であり，日常的に広く使用されている。

(センター)

(1) 酸化マンガン(Ⅳ)
　　$\mathrm{MnO_2}$
(2) 亜鉛 Zn

リチウム電池 $(-)\mathrm{Li} \mid \mathrm{Li塩} \mid (\mathrm{CF})_n(+)$ や $(-)\mathrm{Li} \mid \mathrm{Li塩} \mid \mathrm{MnO_2}(+)$ など　起電力 3.0V

 □**6**
★★
リチウムを電極とした電池は，多くの実用一次電池の起電力が 1.5V 以下であるのに対して，3V 以上の高い起電力と軽量化が期待できるため，その研究開発が精力的に行われた。その結果，リチウム電池とよばれる一次電池が実用化された。このリチウム電池では，$\boxed{1\,★}$ 極にフッ化黒鉛を，$\boxed{2\,★}$ 極に金属リチウムを使用する。放電時に，$\boxed{1\,★}$ 極では $\mathrm{Li^+}$ イオンがフッ化黒鉛に侵入し，$\boxed{2\,★}$ 極では Li が $\boxed{3\,★}$ され $\mathrm{Li^+}$ イオンとなる。また，$\boxed{4\,★★}$ 液としては有機溶媒に $\mathrm{LiBF_4}$ などの塩を溶解したものが使用される。

(東北大)

(1) 正
(2) 負
(3) 酸化
(4) 電解

〈解説〉Li が還元剤で負極となる。
　　負極：$\mathrm{Li} \longrightarrow \mathrm{Li^+} + \mathrm{e^-}$　（Li が酸化される）

[応用] □7 ★ リチウム電池は，負極に金属リチウムが，正極にはマンガン乾電池と同様に [1★] が用いられることもある。 （星薬科大）

(1) 酸化マンガン(Ⅳ) MnO_2

空気亜鉛電池 (−) Zn ｜ KOHaq ｜ O_2 (+) 起電力 1.3V

□8 ★★ 燃料電池ではないが，補聴器などの用途で実用化されている空気亜鉛電池においても同様に酸素が用いられ，電気エネルギーを得るために全体として次の反応が利用されている。

$$Zn + \frac{1}{2} O_2 \longrightarrow ZnO$$

水素・酸素燃料電池における水素，空気亜鉛電池における亜鉛は，いずれも電池の反応では [1★★] としてはたらいている。このとき，水素と亜鉛そのものは [2★★] される。 （横浜国立大）

〈解説〉還元剤である亜鉛 Zn が負極，正極では空気中の酸素 O_2 が酸化剤としてはたらく。

(1) 還元剤
(2) 酸化

ニッケル・カドミウム電池 (−) Cd ｜ KOHaq ｜ NiO(OH) (+) 起電力 1.3V

[応用] □9 ★★ 日常生活に用いられるニッケル・カドミウム電池は [1★] 極にカドミウム Cd，[2★] 極にオキシ水酸化ニッケル NiO(OH)，電解質溶液に水酸化カリウム KOH 水溶液を用いる [3★★] 電池である。この電池の放電と充電の化学反応式は，次の通りである。

$$Cd + 2NiO(OH) + 2H_2O \underset{\text{充電}}{\overset{\text{放電}}{\rightleftarrows}} Cd(OH)_2 + 2Ni(OH)_2$$

（明治大）

(1) 負
(2) 正
(3) 二次 [[別]蓄]

酸化銀（銀）電池 (−) Zn ｜ KOHaq ｜ Ag_2O (+) 起電力 1.6V

□10 ★★ 酸化銀電池（銀電池）は，正極に [1★★] を用いた電池であり，一定の電圧が長く持続するので，腕時計などに使用されている。 （センター）

〈解説〉全体の反応

$$Ag_2O + Zn \xrightarrow{\text{放電}} 2Ag + ZnO$$

(1) 酸化銀 Ag_2O

[リチウムイオン電池] (−)C(黒鉛)とLiの化合物｜Li塩＋有機溶媒｜$LiCoO_2$(＋)　起電力4.0V

[応用] □11 ★★ 電極にリチウムを用い，電解液を有機溶媒にすることで起電力を大きくすることが可能であり，リチウム電池の起電力は3.0Vである。このリチウム電池の [1★] 化の試みは精力的に行われたが，なかなか実用化に至らなかった。この実用化への大きな貢献が2019年ノーベル化学賞の対象である。この実用化された電池は [2★★] と呼ばれ，現在ではスマートフォンやパソコンなどに用いられている。 [2★★] は，正極に$LiCoO_2$，負極にリチウムイオンを含む黒鉛を使用する。各極では，以下のような反応が起こる。

[正極] $Li_{1-x}CoO_2 + xLi^+ + xe^- \longrightarrow LiCoO_2$

[負極] $LiC_6 \longrightarrow Li_{1-x}C_6 + xLi^+ + xe^-$

$(0 \leqq x \leqq 1)$ （慶應義塾大）

(1) 二次電池（にじでんち） [[別]蓄電池（ちくでんち）]
(2) リチウムイオン電池（でんち）

□12 ★★ リチウムイオン電池は，負極にLiを含む黒鉛を用いた [1★★] 電池であり，軽量であるため，ノート型パソコンや携帯電話などの電子機器に使用されている。

（センター）

(1) 二次（にじ） [[別]蓄（ちく）]

[応用] □13 ★ リチウムイオン電池では，電極に金属リチウムを使用せず，図に示すように， [1★] 極に$LiCoO_2$を， [2★] 極に黒鉛を使用する。

また， [3★] 液としては有機溶媒に$LiPF_6$などの塩を溶解したものが使われる。

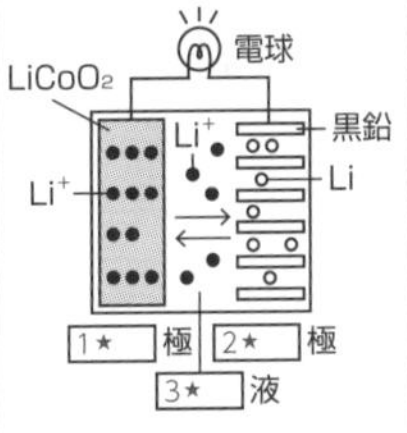

リチウムイオン電池の概略図

（東北大）

(1) 正（せい）
(2) 負（ふ）
(3) 電解（でんかい）

5 金属の製錬／ハロゲン

▼ ANSWER

鉄の製錬

□**1**
★
鉄は現代の物質文明を支える基本的な物質として，広範囲かつ多量に使用されているが，人類史上，鉄の量産が始まったのは銅よりも遅い。その理由として，鉄鉱石の還元は難しく，鉄の融点は銅に比べて500℃ほど ［ 1★ ］ ことがあげられる。 （三重大）

(1) 高い

□**2**
★★★
天然の鉄は赤鉄鉱，磁鉄鉱，褐鉄鉱などの鉄鉱石として存在する。赤鉄鉱の主成分は鉄を湿った空気中に放置すると酸化されて生成する ［ 1★★★ ］ であり，磁鉄鉱の主成分は鉄を強熱すると生成する黒色の ［ 2★★★ ］ である。 （横浜国立大）

〈解説〉鉄の赤さび：Fe_2O_3，鉄の黒さび：Fe_3O_4

(1) 酸化鉄(Ⅲ)
Fe_2O_3
(2) 四酸化三鉄
Fe_3O_4

□**3**
★★★
単体の鉄 Fe は，鉄鉱石を還元してつくられる。原料の鉄鉱石には，主成分が ［ 1★★★ ］ の赤鉄鉱や，主成分が ［ 2★★★ ］ の磁鉄鉱がある。鉄 Fe は ［ 3★ ］ 族に属する元素で，［ 1★★★ ］ における鉄の酸化数は ［ 4★★ ］ であり，［ 2★★★ ］ の場合の酸化数は ［ 5★★ ］ である。 （近畿大）

〈解説〉$\underset{+3}{Fe_2O_3}$, $\underset{}{Fe_3O_4} = \underset{+2}{FeO} + \underset{+3}{Fe_2O_3}$

(1) 酸化鉄(Ⅲ)
Fe_2O_3
(2) 四酸化三鉄
Fe_3O_4
(3) 8
(4) +3
(5) +2, +3

□**4**
★★
単体の鉄は，Fe_2O_3 を主成分とする赤鉄鉱などを含む鉄鉱石を，コークスなどと加熱することで得られる。このとき Fe_2O_3 は ［ 1★★ ］ されたことになり，その鉄原子の酸化数は ［ 2★★ ］ したことになる。 （法政大）

〈解説〉$\underset{+3}{Fe_2O_3} + 3CO \longrightarrow \underset{0}{2Fe} + 3CO_2$

(1) 還元
(2) 減少

□**5**
★★★
鉄の製錬は，溶鉱炉中に鉄鉱石，コークス，石灰石を入れ，溶鉱炉の下部から約1300℃の熱風を吹き込むことにより行われる。溶鉱炉中では，コークスの燃焼により発生した ［ 1★★★ ］ が鉄鉱石を還元することにより鉄が生成する。 （長崎大）

〈解説〉コークス C，石灰石 $CaCO_3$

(1) 一酸化炭素
CO

□ **6** 右図は，製鉄用溶鉱炉
★★★ の模式図である。赤鉄
鉱を原料として鉄をつ
くるときは，鉄鉱石と
石灰石と 1 ★★★ を
図の 2 ★★ から投
入して 3 ★★★ を還
元する。溶鉱炉から得

(ア)
△ ─(イ)

(ウ)

(エ)─   ─(オ)

られる鉄は 4 ★★★ とよばれ，約4%の炭素と微量の
不純物を含む。石灰石の熱分解で生じた 5 ★ は，
鉄鉱石中の不純物と反応し，4 ★★★ の上に浮かび
6 ★★ となる。6 ★★ を除いた高温の 4 ★★★
を図の 7 ★★ から取り出して転炉に移し，8 ★★
を吹き込むと，炭素の含有量がおよそ0.02%〜2%の
9 ★★★ になる。 (近畿大)

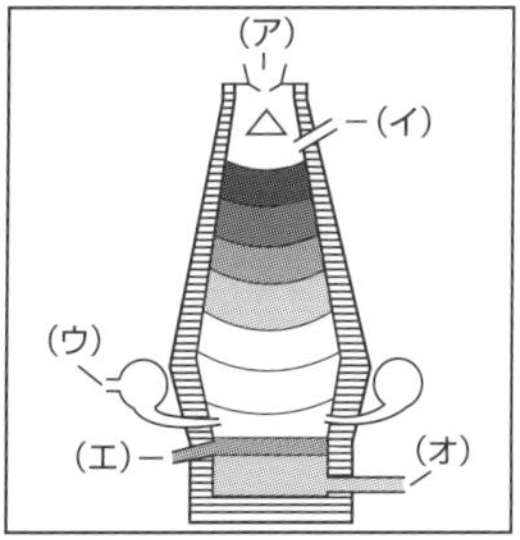

〈解説〉$CaCO_3 \longrightarrow CaO + CO_2$
石灰石

(1) コークス C
(2) (ア)
(3) 酸化鉄(Ⅲ)
 Fe_2O_3
 [⑩赤鉄鉱]
(4) 銑鉄
(5) 酸化カルシウム
 CaO
 [⑩生石灰]
(6) スラグ
(7) (オ)
(8) 酸素 O_2
(9) 鋼

□ **7** 銑鉄は 1 ★★ を重量で約4%含み硬くてもろいが，
★★ 融点が低いので鋳物に用いられる。高温にした銑鉄を
転炉に入れて酸素を吹きこみ 1 ★★ 含有量を重量
で2〜0.02%にしたものを鋼という。鋼は建築材料や
自動車，その他多くの材料として用いられている。

(東北大)

〈解説〉銑鉄は，炭素含有量を減らすと，硬くて粘り強い鋼になる。

(1) 炭素 C

□ **8** 周期表 1 ★★ 〜12族の元素を遷移元素という。こ
★★★ の中には鉄が含まれる。純粋な鉄は，灰白色の光沢を
もった金属で，希硫酸と反応して 2 ★★★ を発生しな
がら溶けるが，濃硝酸とは 3 ★★★ をつくる。鉄のイ
オンには鉄(Ⅱ)イオンと鉄(Ⅲ)イオンとがあり，またよ
く知られている化合物には 4 ★★★ (赤さびの主成
分)，5 ★★★ (黒さびの主成分)や硫酸鉄(Ⅱ)七水和物
などがある。 (鳥取大)

〈解説〉$Fe + H_2SO_4(希) \longrightarrow FeSO_4 + H_2$
硫酸鉄(Ⅱ)七水和物 $FeSO_4 \cdot 7H_2O$

(1) 3
(2) 水素 H_2
(3) 不動態
(4) 酸化鉄(Ⅲ)
 Fe_2O_3
(5) 四酸化三鉄
 Fe_3O_4

08

酸化還元反応 **5** 金属の製錬／ハロゲン

□ **9**
★★ 鉄をさびにくくするために，キッチンシンク，食器，浴槽やプラントでは，鉄と $\boxed{1 ★★}$ やニッケルを合金化したステンレス鋼が用いられている。ステンレス鋼の食器などで見かける「18-8」のような表示はそれぞれの成分の質量パーセント濃度を示したものである。

(東北大)

(1) クロム Cr

アルミニウムの製錬

□ **10**
★★★ 電気分解は，アルミニウムや銅の単体の製造に利用されている。アルミニウムの単体は，原料となる鉱石の $\boxed{1 ★★★}$ から白色のアルミナ Al_2O_3 をつくり，これを $\boxed{2 ★★}$ 電極で溶融塩電解して製造される。このとき，融解した氷晶石にアルミナを溶かして電解する。

(日本女子大)

(1) ボーキサイト
$Al_2O_3 \cdot nH_2O$
(2) 炭素 C

〈解説〉酸化アルミニウム Al_2O_3 までの工程
ボーキサイトから純粋な Al_2O_3 を得るまでの工程は次のようになる。

| ボーキサイト (不純物 Fe_2O_3 など) | 濃 NaOH → Fe_2O_3 沈殿物 | ろ液 $[Al(OH)_4]^-$ | 水 → | 沈殿物 $Al(OH)_3$ | 加熱 → | アルミナ Al_2O_3 |

発展 □ **11**
★★★ アルミニウムの単体を工業的に得るには，図に示すように，原料を高温で融解状態にして電気分解を行う。この方法は $\boxed{1 ★★★}$ とよばれる。

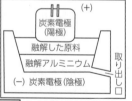

(+)
炭素電極（陽極）
融解した原料
融解アルミニウム
取り出し口
(−) 炭素電極（陰極）

この方法においては，$\boxed{2 ★★★}$ とよばれる鉱石を用いて，その主成分である酸化アルミニウムを水酸化ナトリウム水溶液に溶解し，つづいて，水酸化アルミニウムとして沈殿させた後，強熱することによって得られる酸化アルミニウムを原料として用いる。さらに酸化アルミニウムの融点を下げるために $\boxed{3 ★★}$ を加え，電極には炭素を用いて，約 1000℃ で電気分解を行う。

(神戸大)

(1) 溶融塩電解
[⑳融解塩電解]
(2) ボーキサイト
$Al_2O_3 \cdot nH_2O$
(3) 氷晶石
Na_3AlF_6

発展 □**12** ★★★ アルミニウムの単体を得るには酸化アルミニウムを原料とする。ただしその融点は2000℃以上と高いため、氷晶石を加熱・融解し、これに少しずつ酸化アルミニウムを溶解させて約1000℃で溶融塩電解を行う。このとき、陽極の炭素電極には気体 1 ★★★ と気体 2 ★★★ (順不同)が発生する一方、陰極にはアルミニウムの単体が生じる。

(九州大)

(1) 一<ruby>酸<rt>さん</rt></ruby><ruby>化<rt>か</rt></ruby><ruby>炭<rt>たん</rt></ruby><ruby>素<rt>そ</rt></ruby>
 CO
(2) 二<ruby>酸<rt>に</rt></ruby><ruby>化<rt>さん</rt></ruby><ruby>炭<rt>か</rt></ruby><ruby>素<rt>たん</rt></ruby>
 CO_2

〈解説〉溶融塩電解(融解塩電解)

純粋な Al_2O_3(アルミナ)の融点は約2000℃と非常に高いため、融点の低い氷晶石(主成分 Na_3AlF_6)を利用すると、約1000℃でアルミナを融解させることができる。

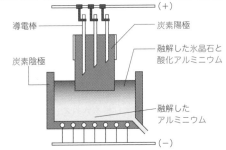

$$Al_2O_3 \longrightarrow 2Al^{3+} + 3O^{2-}$$

この融解液を陽極、陰極の両方に C を使って電気分解すると、陰極では融解液中の Al^{3+} が還元されて Al となって電解槽の底に沈む。

陰極での反応：$Al^{3+} + 3e^- \longrightarrow Al$

陽極では、融解液中の O^{2-} が反応するが、非常に高い温度で溶融塩電解しているので発生した O_2 がただちに陽極の C と反応して、CO や CO_2 が生成する。

陽極での反応：$C + O^{2-} \longrightarrow CO + 2e^-$
$C + 2O^{2-} \longrightarrow CO_2 + 4e^-$

このとき、陽極の C は消費されていくので、常に補給する必要がある。

銅の製錬

□13 銅の鉱石（ ｜ 1 ★ ｜ －主成分 $CuFeS_2$）をコークスと
★★ 石灰岩やケイ砂（主成分 SiO_2）などとともに高温の炉
で加熱すると，銅の硫化物が得られる。これを転炉に
移し，強熱しながら空気を吹き込むと ｜ 2 ★★ ｜ ができ
る。さらに ｜ 3 ★★★ ｜ によって純銅が得られる。

(横浜市立大)

(1) 黄銅鉱
(2) 粗銅
(3) 電解精錬

〈解説〉$2CuFeS_2 + O_2 \longrightarrow Cu_2S + 2FeS + SO_2$
　　　　黄銅鉱　　　　　　　硫化銅(I)

$2FeS + 3O_2 + 2SiO_2 \longrightarrow 2FeSiO_3 + 2SO_2$
　　　　　　ケイ砂　　　スラグ└→分離し，除かれる

$CaCO_3 \longrightarrow CaO + CO_2$
石灰石

$CaO + SiO_2 \longrightarrow CaSiO_3$
　　　　ケイ砂　　　　スラグ

$Cu_2S + O_2 \longrightarrow 2Cu + SO_2$
硫化銅(I)　　　　　　粗銅

□14 純度の高い銅は電解精錬により製造される。粗銅板
★★★ を ｜ 1 ★★★ ｜ 極，純銅板を ｜ 2 ★★★ ｜ 極として，硫酸酸性
の硫酸銅 (II) 水溶液中で電気分解すると， ｜ 2 ★★★ ｜ 極
で純銅が得られる。

(岐阜大)

(1) 陽
(2) 陰

発展 **□15** 銅は黄銅鉱 $CuFeS_2$ から製錬されてつくられるが，こ
応用 ★★ のようにして得られた銅は粗銅とよばれ，純度は 99 %
程度である。不純物を含む粗銅は電解精錬を用いてさ
らに精製される。粗銅を ｜ 1 ★★ ｜ 極，純銅を ｜ 2 ★★ ｜
極として硫酸酸性の硫酸銅(II)水溶液中で低電圧で電
気分解をすると，粗銅中に含まれる銅よりもイオン化
傾向の ｜ 3 ★★ ｜ 金属は銅(II)イオンとともに ｜ 4 ★★ ｜
イオンとなって溶け出し，また，粗銅中に含まれる銅
よりもイオン化傾向の ｜ 5 ★★ ｜ 金属は ｜ 6 ★★ ｜ 極の
下にたまる。これを ｜ 7 ★★ ｜ という。 (関西学院大)

(1) 陽
(2) 陰
(3) 大きい
(4) 陽
(5) 小さい
(6) 陽
(7) 陽極泥

〈解説〉銅の電解精錬について
　　　┌陽極：粗銅　　　　　　　大　　　イオン化傾向　　　小
　　　│陰極：純銅　　　　　└Zn, Fe, Ni┘> Cu >└Ag, Au┘
　　　└電解液：硫酸銅(II)　　　　↓　　　　　　　　↓
　　　　　　　水溶液　　　　陽イオンとなっ　　　陽極泥と
　　　　　　　　　　　　　　て溶液中に溶出　　　して沈殿

発展
応用
□ **16**
★★★

硫酸酸性の硫酸銅(II)水溶液中で, 純度 99% 程度の粗銅板を陽極, 純銅板を陰極として, 0.3V 程度の電圧をかけて電気分解すると, 陰極の表面に純度 99.99% 以上の銅が析出する。このように, 電気分解によって純粋な銅をつくる方法を銅の │ 1 ★★★ │ という。

いま, 陽極に, 不純物として金, 鉛, 鉄を含んだ粗銅板を用いた場合を例として, 各金属の挙動を見てみよう。粗銅板中に存在している金属のうち, │ 2 ★★ │ は陽イオンにならず, 電極板からはがれ落ちて沈殿する。一般に, このような沈殿は │ 3 ★★ │ とよばれる。一方, │ 4 ★★ │, │ 5 ★★ │, │ 6 ★★ │ の金属は, 酸化され陽イオンになるが, このうち, │ 4 ★★ │ の硫酸塩は水に溶けにくいので沈殿となりやすい。また, │ 5 ★★ │ のイオンは, 陰極表面に金属として析出せず溶液中に残る。結果として, │ 6 ★★ │ だけが陰極表面に析出することになる。

(愛知工業大)

(1) 電解精錬
(2) 金 Au
(3) 陽極泥
(4) 鉛 Pb
(5) 鉄 Fe
(6) 銅 Cu

〈解説〉銅の電解精錬

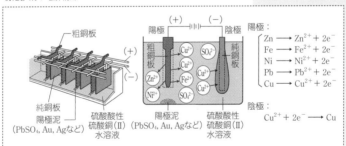

陽極:
$$\begin{cases} Zn \longrightarrow Zn^{2+} + 2e^- \\ Fe \longrightarrow Fe^{2+} + 2e^- \\ Ni \longrightarrow Ni^{2+} + 2e^- \\ Pb \longrightarrow Pb^{2+} + 2e^- \\ Cu \longrightarrow Cu^{2+} + 2e^- \end{cases}$$

陰極:
$$Cu^{2+} + 2e^- \longrightarrow Cu$$

08
酸化還元反応
5 金属の製錬／ハロゲン

ハロゲン

□ **17**
★★★

ハロゲンは │ 1 ★★★ │ 族の元素であり, その原子は │ 2 ★★★ │ 個の価電子をもつことから │ 3 ★★★ │ 価の陰イオンになりやすい。また, ハロゲンの単体である F_2, Cl_2, Br_2, I_2 について, 酸化力は │ 4 ★★ │ が最も弱く, │ 5 ★★ │ が最も強い。

(九州大)

(1) 17
(2) 7
(3) 1
(4) ヨウ素 I_2
(5) フッ素 F_2

□**18** 常温常圧下でフッ素は淡黄色の □1★★★ で存在し，水
★★★ と激しく反応して酸素を発生させる。常温常圧下で塩
素は黄緑色の □2★★ で存在し，水に少し溶ける。臭
素は常温常圧下で赤褐色の □3★★★ で存在し，水にわ
ずかに溶けて赤褐色の水溶液となる。ヨウ素は常温常
圧下で黒紫色の □4★★ で存在し，水には溶けにくい
が，エタノールにはよく溶け褐色の溶液となる。

(1) 気体（きたい）
(2) 気体（きたい）
(3) 液体（えきたい）
(4) 固体（こたい）

(北里大)

〈解説〉①ハロゲン単体の常温・常圧での状態と色は暗記する。
②$2F_2 + 2H_2O \longrightarrow 4HF + O_2$

□**19** ハロゲンの単体には酸化力があり，原子番号が小さい
★★★ ものほど酸化力が □1★★★ 。 (群馬大)

(1) 強い[＠大きい]（つよ）（おお）

〈解説〉ハロゲン単体の酸化力 $F_2 > Cl_2 > Br_2 > I_2$ の順。

□**20** ヨウ化カリウム水溶液に塩素を通じると □1★★ が
★★ 遊離する。 (群馬大)

(1) ヨウ素（そ）I_2

解き方

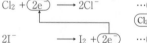

　KI 水溶液に Cl_2 を反応させると，酸化力の強さは $Cl_2 > I_2$(Cl_2 は I_2 よ
りも陰イオンになりやすい)ので，

$Cl_2 + \boxed{2e^-} \longrightarrow 2Cl^-$ 　　…① ◀ Cl_2 は e^- をうばう
　　　　　　　　　　　　　　$\boxed{Cl_2 \text{ は } Cl^- \text{ になりやすい}}$

$2I^- \longrightarrow I_2 + \boxed{2e^-}$ 　　…② ◀ I^- は e^- をうばわれる

　①＋②，両辺に $2K^+$ を加えて，

　$Cl_2 + 2KI \longrightarrow 2KCl + I_2$

の反応が起こる。

第 09 章

身のまわりの生活の中の化学

1 物質を構成する成分　　　▼ANSWER

□**1** 地殻を構成する元素をその存在比が大きい順に並べる
★★★　と，　1 ★★★　，ケイ素，アルミニウム，鉄，カルシウ
ムとなる。　　　　　　　　　　　　　　　　　（広島市立大）

(1) 酸素 O

〈解説〉地殻（地球表層部の厚さ 5 〜 60km の岩石層）を構成する元素は，O ＞ Si ＞ Al ＞ Fe ＞…の順になる。「お(O) し(Si) ある(Al) て(Fe)」と覚えよう。

□**2** 人体の構成成分のうち，約 70％が水であり，約 15％
★★　が　1 ★★　である。　　　　　　　　　　　　（広島大）

(1) タンパク質

□**3** 生体を構成する元素のうち炭素，水素，　1 ★★　，窒
★★　素の 4 元素だけで細胞の質量の 95％を占めている。

（岡山大）

(1) 酸素 O

〈解説〉ほとんどが水分 H_2O であることから考える。

□**4** 地殻中に存在する元素の割合を質量％の単位で表した
★★　場合に，酸素に次いで割合の大きい元素は　1 ★★　で
ある。　1 ★★　の単体は，集積回路などの半導体材料
に用いられている。生体内に存在する元素の割合を質
量％の単位で表した場合に，酸素に次いで割合の大き
い元素は　2 ★★　である。　　　　　　　　　　（明治大）

(1) ケイ素 Si
(2) 炭素 C

〈解説〉元素の存在比（質量％）

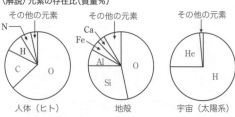

人体（ヒト）　　　　地殻　　　　宇宙（太陽系）

人体（ヒト）の 7 割は水分からなる。

□ **5**　海水を蒸発させたときに残る固体物質は，主として
★★★　　│ 1 ★★★ │である。
　　　　　　　　　　　　　　　　　　　　　　　　（センター）

〈解説〉海水の組成（質量%）：水 96.5%＞NaCl 3%＞$MgCl_2$ 0.4%＞…

(1) 塩化ナトリウム
　　NaCl

□ **6**　食物に含まれている成分は，│ 1 ★★ │，│ 2 ★★ │，
★★　　│ 3 ★★ │（順不同）の3つに大別され三大栄養素とよば
　　　　れている。　　　　　　　　　　　　（昭和薬科大）

(1) 糖類［働炭水化物］
(2) タンパク質
(3) 脂質［働油脂］

□ **7**　地球の大気は水蒸気を除くと主成分（体積%）として
★★★　│ 1 ★★★ │が78.1%，│ 2 ★★★ │が20.9%含まれており，そ
　　　　の他に│ 3 ★★ │が0.93%，│ 4 ★★ │が0.040%，ネオン
　　　　が0.0018%，ヘリウムが0.00052%含まれている。
　　　　│ 3 ★★ │やヘリウム，ネオンなど18族の元素を総称
　　　　して│ 5 ★★★ │と呼ぶ。　　　　　　　（関西学院大）

(1) 窒素 N_2
(2) 酸素 O_2
(3) アルゴン Ar
(4) 二酸化炭素 CO_2
(5) 貴ガス

□ **8**　液化した空気を│ 1 ★★ │することによって，窒素と酸
★★　　素が別々に取り出されている。　　　　（センター）

(1) 分留［働分別蒸留］

□ **9**　空気の成分である酸素に紫外線があたると，│ 1 ★★★ │
★★★　ができる。　　　　　　　　　　　　　（センター）

〈解説〉$3O_2 \xrightarrow{\text{紫外線または放電}} 2O_3$

(1) オゾン O_3

□ **10**　二酸化炭素は，無色・無臭の気体であり，空気より
★★★　│ 1 ★★★ │。　　　　　　　　　　　（センター）

〈解説〉空気の平均分子量（約）29（➡フ(2)ク(9)と覚える）
　　　　二酸化炭素 CO_2 の分子量 44

(1) 重い

□ **11**　大気中の二酸化炭素は，地表から放射される│ 1 ★ │
★　　　を吸収する。　　　　　　　　　　　（センター）

(1) 赤外線

□ **12**　植物は太陽光の一部を吸収して│ 1 ★★ │と水からデ
★★　　ンプンなどの有機物を合成する。この植物で行われる
　　　　はたらきを一般に│ 2 ★★ │という。│ 2 ★★ │は複雑な
　　　　機構を持つ複数の反応が組み合わさって行われている
　　　　が，単純化すると│ 1 ★★ │と水から糖を作り出してい
　　　　ると考えることができる。　　　　　（関西学院大）

(1) 二酸化炭素 CO_2
(2) 光合成

□ **13**　│ 1 ★★ │は沸点が非常に低いために，超伝導物質の冷
★★　　却剤に使われている。　　　　　　　（センター）

(1) ヘリウム He

□14 ★★ [1★★] は空気より密度が小さく，燃えないため，風船や飛行船に使われる。 (共通テスト)

(1) ヘリウム He

□15 ★★ [1★★] は貴ガスの中では大気中に最も多く含まれ，白熱電球に封入されている。 (センター)

(1) アルゴン Ar

□16 ★★ [1★★] は貴ガスの中では原子量が2番目に小さく，広告用の表示機器に用いられている。 (センター)

〈解説〉貴ガスの原子量：He ＜ Ne ＜ Ar ＜…

(1) ネオン Ne

□17 ★★ 天然に産出する石油は，[1★★] とよばれ，その主成分は炭化水素である。 (センター)

〈解説〉炭化水素は，炭素 C と水素 H だけからなる。

(1) 原油（げんゆ）

□18 ★★★ 天然ガスの主成分は [1★★★] であり，都市ガスとして用いられている。 (センター)

(1) メタン CH_4

□19 ★★ 輸送手段として空中を移動するには飛行機，陸上を移動するには自動車，水上を移動するには船舶があるが，それぞれ利用する燃料が異なっている。旅客機にはジェット燃料，自動車にはガソリン，そして大型船舶には重油が主に用いられている。これらの燃料はいずれも原油から，沸点の差を利用する [1★★] という分離技術を利用して得られている。 (名古屋工業大)

(1) 分留（ぶんりゅう）[[別]分別蒸留（ぶんべつじょうりゅう）]

□20 ★★ 石油（原油）を熱分解・分留（蒸留）すると，沸点の低い順に，ガス分，ナフサ，[1★]，軽油，[2★] が得られる。ガス分の中にはプロパン C_3H_8 やブタン C_4H_{10} などがあり，これを加圧・冷却したものが [3★★] である。[1★] は暖房用燃料やジェット燃料などに用いられ，[2★] からは，重油や潤滑油などが得られる。 (センター)

(1) 灯油（とうゆ）
(2) 残油（ざんゆ）
[[別]残渣油（ざんさゆ）]
(3) 液化石油ガス（えきかせきゆガス）(LPG)

□21 ★★ メタンを主成分とする [1★★★] は都市ガスとして使われており，プロパンを多く含む [2★★] は容器に詰めて配送されるものが多い。プロパンは空気よりも [3★] ので床の上にたまりやすく，爆発を引きおこす危険性が高い。メタンとプロパンでは，炭素原子数の [4★★] プロパンの方が，同温・同圧・同体積で比較すると，発熱量が大きい。 （センター）

〈解説〉液化天然ガス（LNG）：天然ガス（主成分メタン CH_4）を低温で加圧，液化したもの。都市ガスなどに使われる。
液化石油ガス（LPG）：プロパンC_3H_8，ブタンC_4H_{10} などを常温で加圧，液化したもの。使い捨てライターなどに使われる。

(1) 天然ガス［[別]液化天然ガス（LNG）］
(2) 液化石油ガス（LPG）
(3) 重い
(4) 多い

2 金属とその利用

□ **1** 人類はその歴史とともに種々の金属を利用してきた。
★★★ まず， 1 ★★★ とスズとの合金が低い温度で加工できるため，装飾品などとして使われた。ついで，高温での製錬が可能になるとともに，農具や刃物として
2 ★★★ が利用されるようになった。19 世紀末には，酸素との結合力が大きい 3 ★★★ の製錬も可能になり，その軽さのため現在では広く利用されている。

(センター)

(1) 銅 Cu
(2) 鉄 Fe
(3) アルミニウム Al

□ **2** 粗金属から純粋な金属を取り出す操作を 1 ★★ という。
★★ (センター)

(1) 精錬（せいれん）

□ **3** 銅， 1 ★★ ， 2 ★★ ((1)(2)順不同) を成分として含む黄銅鉱を， 3 ★★ ， 4 ★★ ((3)(4)順不同) とともに溶鉱炉で加熱した後，転炉に移して高温で空気を吹き込むと，粗銅が得られる。
★★ (センター)

〈解説〉黄銅鉱(主成分 $CuFeS_2$)，粗銅(純度 99 % 程度)

(1) 鉄（てつ） Fe
(2) 硫黄（いおう） S
(3) 石灰石（せっかいせき） $CaCO_3$
(4) ケイ砂（しゃ） SiO_2

発展 □ **4** 粗銅を 1 ★★★ 極として硫酸銅 (II) 水溶液の電気分解を行うことで，純度の高い銅が得られる。この電気分解の過程で，不純物の一部は銅とともに 1 ★★★ 極から溶け出るが，銅よりも 2 ★★ が大きい不純物はイオンとして水溶液中に残り，銅だけが 3 ★★ 極に析出する。一方，銅よりも 2 ★★ が小さい不純物は 1 ★★★ 極の下に沈殿する。
★★★ (広島大)

〈解説〉銅よりイオン化傾向の小さい金属(Ag や Au など)は，陽極の下に陽極泥としてたまる。

(1) 陽（よう）
(2) イオン化傾向（かたむき こう）
(3) 陰（いん）

□ **5** 1 ★★★ は赤みを帯びた柔らかい金属で電気伝導率が大きいので電線として利用され， 2 ★★ が大きいので調理器具や熱交換器などに用いられる。
★★★ (金沢大)

〈解説〉電気伝導度の順： Ag > Cu > Au > Al >…

(1) 銅（どう） Cu
(2) 熱伝導率（ねつでんどうりつ）
[⑳熱の伝導性（ねつ でんどうせい）]

□ **6** 銅は，風雨にさらされると， 1 ★★ とよばれるさびを生じる。
★★ (センター)

(1) 緑青（ろくしょう）

□7 ★
Cu を主な成分とする 10 円硬貨は，空気中に長時間さらされると，表面に緑青という緑色の化合物 $CuCO_3 \cdot Cu(OH)_2$ が生成することがある。空気に含まれる物質のうち，この緑青の生成に必要なもの 3 つすべてを分子式で書け。[1★]，[2★]，[3★]（順不同）
（東北大）

(1) O_2
(2) CO_2
(3) H_2O

□8 ★★
銅は亜鉛との合金にすることで適度な硬さを示すようになる。この合金は，5 円硬貨や金管楽器などに使われており，[1★★] とよばれている。（静岡大）

(1) 黄銅
［[別]真ちゅう］

□9 ★★
青銅は，銅と [1★★] の合金であり，さびにくく，美術品や鐘などに用いられる。（センター）

〈解説〉青銅はブロンズともいう。

(1) スズ Sn

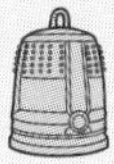

□10 ★★
白銅は，[1★★] と [2★★]（順不同）の合金で，変質しにくく，硬貨や装飾品などに用いられる。（富山県立大）

〈解説〉硬貨（50 円，100 円）に利用。

(1) 銅 Cu
(2) ニッケル Ni

□11 ★
銀は原子番号 47 の軟らかい銀白色の遷移金属である。古くから貴金属として用いられているが，貴金属の中では反応性が高く，火山ガスに含まれる硫化水素と触れると，[1★] を生じ，表面が黒ずんでしまう。
（東京電機大）

(1) 硫化銀 Ag_2S

□12 ★★
銀は銅と共に 11 族に属する遷移金属である。銀の単体は，同族の [1★★] に次ぐ展性や延性を示し，電気や熱の伝導性は金属中で最大である。（名城大）

(1) 金 Au

□13 ★★
鉄鉱石として使用される赤鉄鉱や磁鉄鉱の主成分は，[1★★] である。（センター）

〈解説〉赤鉄鉱（主成分 Fe_2O_3），磁鉄鉱（主成分 Fe_3O_4）

(1) 酸化鉄

□14 ★★★
鉄と [1★★] の化合物を主成分とする赤鉄鉱を，コークスや [2★★★] とともに溶鉱炉に入れ，加熱すると，銑鉄が得られる。（センター）

〈解説〉コークス C：石炭を蒸し焼きしたもの。

(1) 酸素 O
(2) 石灰石 $CaCO_3$

□15 溶鉱炉内では，鉄鉱石の主成分である鉄の酸化物は，
★★★ コークスから生じる $\boxed{1 ★★★}$ によって $\boxed{2 ★★★}$ される。溶鉱炉から取り出した鉄は $\boxed{3 ★★★}$ とよばれ，4%程度の炭素や不純物を含んでいるので，転炉に移して酸素を吹き込み，不純物や余分の炭素を除いて $\boxed{4 ★★★}$ とする。 　　　　　　　　　　　　　　　　（センター）

(1) 一酸化炭素 CO
(2) 還元
(3) 銑鉄
(4) 鋼

□16 CO は，製鉄で鉄鉱石を $\boxed{1 ★★★}$ するために利用されている。 　　　　　　　　　　　　　　　　　　　　（共通テスト）
★★★

(1) 還元

□17 銑鉄は約4%の炭素を含んでいる。これを転炉に移して $\boxed{1 ★★★}$ を吹き込むと，大部分の炭素が除かれ，鋼となる。 　　　　　　　　　　　　　　　　　　（センター）
★★★

(1) 酸素 O_2

□18 銑鉄は，炭素を含み，硬くてもろい欠点があるが，融点が低いので $\boxed{1 ★★}$ として使用されている。（センター）
★★

(1) 鋳物

□19 $\boxed{1 ★★★}$ は，銑鉄の炭素の量を少なくして弾力や強さを増加させたもので，建物，船舶，自動車などの基本材料として使用される。 　　　　　　　　　　　（センター）
★★★

(1) 鋼

□20 鉄は，$\boxed{1 ★}$ 空気中に長時間放置しても腐食しない。また，空気を除いた水中に放置しても腐食しないが，$\boxed{2 ★★}$ を吹き込むと腐食が始まる。この結果から，鉄が腐食するには，$\boxed{2 ★★}$ と $\boxed{3 ★★}$ が同時に必要であることがわかる。 　　　　　　　　　　　（センター）
★★

(1) 乾いた
(2) 酸素 O_2
(3) 水 H_2O

□21 ステンレス鋼は，鉄に $\boxed{1 ★★★}$ や $\boxed{2 ★★★}$ （順不同）などを加えた合金で，さびにくく，台所用品などに用いられる。 　　　　　　　　　　　　　　　　（富山県立大）
★★★

(1) クロム Cr
(2) ニッケル Ni

〈解説〉ステンレス鋼は，鉄の合金でありさびにくい。

□22 $\boxed{1 ★★★}$ とよばれる合金は，$\boxed{2 ★★}$ を主成分として，$\boxed{3 ★★}$ やニッケルなどを混合したものであり，$\boxed{3 ★★}$ の酸化物の被膜が表面を保護するため，酸化や腐食が起こりにくい。 　　　　　　　　　　（福岡大）
★★★

(1) ステンレス鋼
(2) 鉄 Fe
(3) クロム Cr

〈解説〉Cr が酸化され，Cr_2O_3 が形成されることで不動態となる。

□23 金属の腐食を防ぐために，表面に他の金属を $\boxed{1 ★★}$ することがある。 　　　　　　　　　　　　　　　（センター）
★★

(1) めっき

□24 鋼板にスズをめっきしたものを 1 ★★★ ，亜鉛をめっ
★★★ きしたものを 2 ★★★ という。金属のイオン化傾向の
大小を利用し，3 ★★★ は缶詰の内壁のような傷がつ
きにくいところに，4 ★★★ は屋外の建材など傷がつ
きやすいところに使われている。　　　　　（東北大）

〈解説〉鋼板：Fe のこと。

(1) ブリキ
(2) トタン
(3) ブリキ
(4) トタン

□25 鉄よりイオン化傾向が大きい 1 ★★★ を鉄の表面に
★★★ めっきすると，酸素や水は 1 ★★★ と優先的に化学反
応をおこすため，鉄とは化学反応をおこしにくい。
　　　　　（センター）

〈解説〉トタンは傷がつき，鉄 Fe が露出してもイオン化傾向が大き
い亜鉛 Zn が酸化されるので，鉄板に比べさびにくい。

(1) 亜鉛 Zn

□26 はんだには，1 ★★ を主な成分とする低融点の合金
★★ が多く用いられる。　　　　　（東北大）

〈解説〉(無鉛)はんだ：Sn − Ag − Cu など。以前は，Sn と Pb の
合金だったが，その毒性のために Pb は使われなくなった。

(1) スズ Sn

□27 アルミニウムの製錬(精錬)には大量の 1 ★★ が使
★★ われる。　　　　　（センター）

(1) 電力[㊝電気]

□28 アルミニウム缶を製造する場合，原料の Al は鉱石から
★★★ 製錬するよりも，回収したアルミニウム缶から再生利
用（リサイクル）する方が，必要とするエネルギー
が 1 ★★★ い。　　　　　（共通テスト）

(1) 小さ

□29 1 ★★★ の製錬によってアルミニウムを製造した。
★★★ 　　　　　（共通テスト）

(1) ボーキサイト
Al₂O₃・nH₂O

□30 アルミニウムの鉱石であるボーキサイトを水酸化ナト
★★★ リウムで処理したのち，熱分解して純粋な 1 ★★★ を
得る。　　　　　（センター）

(1) 酸化アルミニ
ウム Al₂O₃
[㊝アルミナ]

発展 □31 酸化アルミニウムは融点が高いので，1 ★★ ととも
★★ に融解して製錬(精錬)する。　　　　　（センター）

(1) 氷晶石
Na₃AlF₆

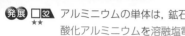

発展 □**32** アルミニウムの単体は，鉱石の 1★★★ から得られる
　★★　酸化アルミニウムを溶融塩電解して製造される。酸化
アルミニウムは融点が約2000℃と高いが，2★
を混ぜると約1000℃で融解する。この融解塩に炭素を
電極として電流を通じると，アルミニウムは 3★★
極に析出する。　　　　　　　　　　　　　（岐阜大）

〈解説〉陰極でアルミニウムが得られる。(−) $Al^{3+} + 3e^- \longrightarrow Al$

(1) ボーキサイト
$Al_2O_3 \cdot nH_2O$
(2) 氷晶石
Na_3AlF_6
(3) 陰

□**33** アルミニウムの密度は鉄の密度よりも 1★★ い。
　★★　　　　　　　　　　　　　　　　　　（センター）

〈解説〉Al：1族や2族の金属は密度 4.0g/cm³ 以下の軽金属

(1) 小さ

□**34** 鉄やアルミニウムが濃硝酸に溶けにくいのは，表面
　★★★　が 1★★★ となるからである。　　　（センター）

〈解説〉手(Fe)に(Ni)ある(Al)は濃硝酸 HNO_3 には表面にち密な酸
化被膜ができてほとんど溶けない。

(1) 不動態

□**35** 金属Alは，濃硝酸に触れると表面に緻密な 1★★ の
　★★　被膜が形成される。　　　　　　　　（共通テスト）

(1) 酸化物

□**36** アルミニウムの耐食性を増すために，1★★ に加工
　★★　する。　　　　　　　　　　　　　　（センター）

〈解説〉電気分解を利用して酸化アルミニウム Al_2O_3 の薄膜をつくる。

(1) アルマイト

□**37** 宝石として知られるサファイアの主成分は，1★★
　★★　である。　　　　　　　　　　　　　（センター）

〈解説〉サファイア（青色）：主成分 Al_2O_3 に微量の TiO_2 など。
　　　　ルビー（紅色）：主成分 Al_2O_3 に微量の Cr_2O_3 など。

(1) 酸化アルミニ
ウム Al_2O_3

□**38** 軽量で丈夫なために航空機の機体などに用いられる
　★★　ジュラルミンは 1★★ を主成分とした合金である。
　　　　　　　　　　　　　　　　　　　　　（東北大）

〈解説〉ジュラルミン：Al − Cu − Mg − Mn の軽合金
　　　　　　　　約95% 約4%

(1) アルミニウム
Al

□**39** Alの合金である 1★★★ は，飛行機の機体に使われ
　★★★　ている。　　　　　　　　　　　　（共通テスト）

(1) ジュラルミン

□**40** 窒化アルミニウム AlN は熱伝導性の良いファインセ
★　　ラミックスとして知られ，窒化ガリウム（組成式：
　　　 1★ ）ならびに窒化インジウム InN は半導体とし
　　　て青色や白色の発光ダイオードなどに利用される。

(東北大)

(1) GaN

□**41** 金属元素の中で最も原子量が小さい 1★★ は，電池
★★　の原料としての需要が増している。　　　　(明治大)

(1) リチウム Li

□**42** 金は天然に 1★★ で産出するため，数千年前にはす
★★　でに使用されていた。　　　　　　　　　(センター)

(1) 単体(たんたい)

□**43** 金 Au は，空気中で化学変化 1★★ く，宝飾品に用
★★　いられる。　　　　　　　　　　　　　　(センター)

(1) しにく

□**44** 1★ は，軽くて強いので，めがねフレームや飛行
★　　機などに使われている。　　　　　　　　(センター)

(1) チタン Ti

□**45** クロムとニッケルの合金である 1★ は，電気抵抗
★　　が大きく，電熱器などの発熱体に使われる。(センター)

(1) ニクロム

□**46** Ni と Ti の合金には，変形させても熱を加えると元の
★★　形に戻る 1★★ 合金として応用されるものがある。

(東北大)

(1) 形状記憶(けいじょうきおく)

□**47** 金属の中で最も融点が高い 1★ は，電球のフィラ
★　　メントとして用いられるほか，炭素を含む合金は切削
　　　工具などに用いられる。　　　　　　　　(金沢大)

(1) タングステン
W

□**48** 水銀は多くの金属をよく溶かし，1★ と呼ばれる
★　　合金をつくる。　　　　　　　　　　(東京都市大)

(1) アマルガム

□**49** レアメタルであるニオブとチタンからなる合金は，あ
★　　る温度以下で電気抵抗がほぼ 0 になる現象を示す。こ
　　　の現象を 1★ という。　　　　　　　　(筑波大)

(1) 超伝導(ちょうでんどう)

□**50** Ti の酸化物である酸化チタン(IV) TiO_2 は，白色顔料
★　　やペンキ材料として製品化されているほか，光（紫外
　　　線）が当たると有機化合物を分解する 1★ として
　　　も利用されている。　　　　　　　　　　(徳島大)

(1) 光触媒(ひかりしょくばい)

09
身のまわりの生活の中の化学 **2** 金属とその利用

3 セラミックス

▼ ANSWER

□1 ★★★
酸化物を主成分とするセラミックスには，[1 ★★★]，[2 ★★★]，[3 ★★★]（順不同）などがある。（センター）

(1) ガラス
(2) 陶磁器
(3) セメント

□2 ★★
一般的なガラスは，二酸化ケイ素と炭酸ナトリウムと石灰石の混合物を融解してつくる。このようなガラスは [1 ★★] とよばれ，一定の融点を示さない。そのため，加熱すると次第に軟化するので，成型や加工が容易にできる。（名古屋市立大）

(1) ソーダ石灰ガラス［[別]ソーダガラス］

□3 ★★
ガラスは一定の [1 ★★] を示さない。（共通テスト）

(1) 融点

□4 ★
[1 ★] ガラスは，光を屈折させやすく，鉛が放射線を吸収しやすいことから，光学レンズやX線の遮蔽窓として使用されている。（千葉工業大）

〈解説〉ソーダ石灰ガラスに酸化鉛(II) PbO を加えてつくる。

(1) 鉛

□5 ★★
石英ガラスは，[1 ★★] からできている。（センター）

〈解説〉石英ガラスで光ファイバーをつくる。

(1) 二酸化ケイ素 SiO_2

□6 ★★
非晶質の [1 ★★] は，光ファイバーに利用される。（共通テスト）

(1) 二酸化ケイ素 SiO_2

□7 ★
人工骨や人工歯には，ある種の [1 ★] セラミックスが使われている。（センター）

〈解説〉特別な性能をもつ新しいセラミックスのこと。

(1) ファイン［[別]ニュー］

□8 ★
酸化アルミニウムなどの高純度の原料を用いて，組成や構造などを精密に制御して焼き固めたものを，[1 ★] という。（千葉工業大）

(1) ファインセラミックス［[別]ニューセラミックス］

[4] プラスチック

▼ ANSWER

□[1] ★★ [1★★] を原料として，さまざまな性質のプラスチックが合成され，私たちの生活に役立っている。

（共通テスト）

(1) 石油 [[別]原油]

□[2] ★★★ 高分子化合物は原料となる [1★★] を [2★★] させて得られる。[2★★] には，末端から1つ1つ [1★★] が付加反応していく [3★★★] と，水などの小さな分子がとれて結合していく [4★★★] などがある。

（名古屋工業大）

(1) 単量体 [[別]モノマー]
(2) 重合
(3) 付加重合
(4) 縮合重合

〈解説〉単量体のつなぎ合わせ方

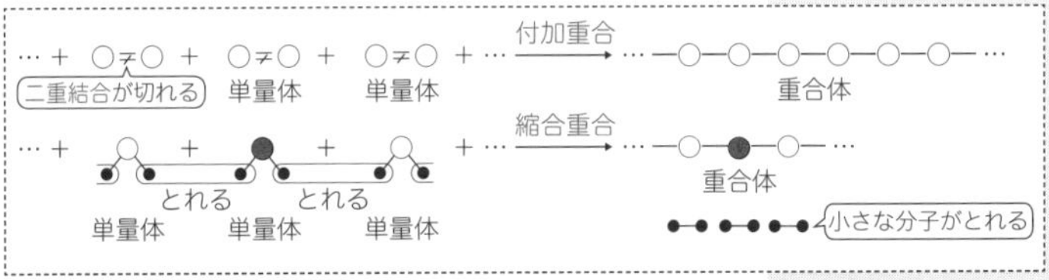

発展 □[3] ★★★ プラスチック（合成樹脂）は，私たちの生活になくてはならないものとして，広く利用されている。プラスチックは熱を加えると軟らかくなり，冷やすと硬くなる性質の [1★★★] 樹脂と，熱を加えることにより硬くなる性質の [2★★★] 樹脂に分類される。また，プラスチックの一般的な特徴として，(a)密度が小さいため，金属や陶磁器などに比べて軽い，(b)電気を通し [3★★]，(c)フィルムなどさまざまな形に成形できる，(d)酸や塩基にも比較的侵されにくい，(e)酸化されにくく，腐敗しにくい，などがある。

（名古屋工業大）

(1) 熱可塑性
(2) 熱硬化性
(3) にくい

発展 □[4] ★★ ポリ塩化ビニルは，[1★★] 樹脂の一種である。

（共通テスト）

(1) 熱可塑性

〈解説〉ポリエチレン(PE) $\mathrm{\{CH_2-CH_2\}_n}$ やポリ塩化ビニル (PVC) $\mathrm{\left[CH_2-\underset{\displaystyle Cl}{\underset{|}{CH}}\right]_n}$ のように鎖状構造をもつものが熱可塑性になる。

□**5** ポリエチレンは，エチレンの 1 ★★★ 重合によってつ
★★★ くられる。 （センター）

〈解説〉

$$\cdots + \underset{\text{エチレン}}{H \!\!>\!\! C \!=\! C \!\!<\!\! H} + \underset{\text{エチレン}}{H \!\!>\!\! C \!=\! C \!\!<\!\! H} + \cdots \xrightarrow{\text{付加重合}} \underset{\text{ポリエチレン(PE)}}{\cdots -\overset{H}{\underset{H}{C}} -\overset{H}{\underset{H}{C}} -\overset{H}{\underset{H}{C}} -\overset{H}{\underset{H}{C}} -\cdots}$$

(1) 付加

□**6** 1 ★★★ は 2 ★★★ 同士の反応によって得られ，製法
★★★ の違いにより密度が異なるものがつくられる。低密度
のものは透明で軟らかく，ポリ袋などに使用される。
（慶應義塾大）

〈解説〉高密度のものはポリバケツなどに使用される。

(1) ポリエチレン
$+CH_2-CH_2 +_n$
(2) エチレン
$CH_2=CH_2$

□**7** ポリエチレンは， 1 ★★★ と 2 ★★★ （順不同）からな
★★★ る高分子化合物である。 （センター）

〈解説〉ポリエチレン(PE) $+CH_2-CH_2 +_n$

(1) 炭素 C
(2) 水素 H

□**8** 1 ★★★ 重合においては，成長中のポリマーに二重結
★★★ 合や三重結合をもつモノマーが継ぎたされるだけなの
で，出発物質に含まれているすべての原子が生成物の
ポリマーに組み入れられる。このタイプの代表的なポ
リマーのうち最も単純な構造をもつ 2 ★★★ には非
常に広い用途がある。軽量，耐水性などの特徴をもち，
スーパーマーケットなどでいわゆるレジ袋として利用
されている。 3 ★★★ は難燃性，耐薬品性という特徴
があり，水まわり配管用パイプや建材などに利用され
ている。このポリマーは分子内に塩素原子を含むので
焼却すると大気中に塩化水素 (HCl) ガスなどの有毒ガ
スを発生する。 （熊本大）

(1) 付加
(2) ポリエチレン
$+CH_2-CH_2 +_n$
(3) ポリ塩化ビニル
$\left[\begin{array}{c} CH_2-CH \\ | \\ Cl \end{array} \right]_n$

□**9** ポリ塩化ビニルは， 1 ★★ の付加重合によってつく
★★ られる。 （共通テスト）

〈解説〉

$$n \underset{\text{塩化ビニル}}{H \!\!>\!\! C \!=\! C \!\!<\!\! {}^{H}_{Cl}} \xrightarrow{\text{付加重合}} \underset{\text{ポリ塩化ビニル(PVC)}}{\left[\begin{array}{c} H \;\; H \\ | \;\;\; | \\ C - C \\ | \;\;\; | \\ H \;\; Cl \end{array} \right]_n}$$

(1) 塩化ビニル
$CH_2=CH$
$\quad\quad |$
$\quad\quad Cl$

□10 ポリ塩化ビニルは，水に溶け $\boxed{1\star\star}$ い高分子である。
★★ （共通テスト）

(1) にく

□11 ポリ塩化ビニルを焼却すると $\boxed{1\star\star}$ などの有毒物
★★ 質が発生するので，注意が必要である。 （センター）

(1) 塩化水素 HCl

□12 $\boxed{1\star\star}$ は，食品容器や緩衝材として利用されている。
★★ （共通テスト）

〈解説〉ポリスチレン(PS)は，スチレン $CH_2=CH$ からつくられる。

(1) ポリスチレン
$\displaystyle -CH_2-CH-$ 〕$_n$

□13 ポリスチレンは，スチレンの $\boxed{1\star\star}$ 重合によってつ
★★ くられる。 （センター）

〈解説〉

$nCH_2=CH \xrightarrow{付加重合} -CH_2-CH-$ 〕$_n$
スチレン ポリスチレン(PS)

(1) 付加

□14 $\boxed{1\star\star}$ は，プロピレンの付加重合によってつくられ
★★ る。 （センター）

〈解説〉

$nCH_2=CH-CH_3 \xrightarrow{付加重合} -CH_2-CH-$ CH_3 〕$_n$
プロピレン ポリプロピレン(PP)

(1) ポリプロピレン
$-CH_2-CH-$ CH_3 〕$_n$

□15 $nHO-(CH_2)_2-OH + nHOOC-\bigcirc-COOH$
★★★ エチレングリコール テレフタル酸

$\longrightarrow$ 〔$O-(CH_2)_2-O-C-\bigcirc-C$ 〕$+2nH_2O$
$\boxed{1\star\star\star}$ 重合 ポリエチレンテレフタラート(PET)

（岐阜大）

(1) 縮合

□16 土に埋めると微生物によって分解される $\boxed{1\star\star}$ 性
★★ プラスチックが開発されている。 （センター）

〈解説〉ポリ乳酸などがある。
〔$O-CH-C$ CH_3 O 〕$_n$

(1) 生分解

5 洗剤／環境問題／リサイクル

▼ ANSWER

□1 ★★ セッケンは，動植物の [1 ★★] からつくられている。（センター）

(1) 油脂

□2 ★★★ セッケンは，[1 ★★★] を示す長い炭化水素基と [2 ★★★] を示す原子団（$-COO^-Na^+$）から構成されている。（関西大）

(1) 疎水性 [[別]親油性]
(2) 親水性

〈解説〉セッケン分子 R－COONa

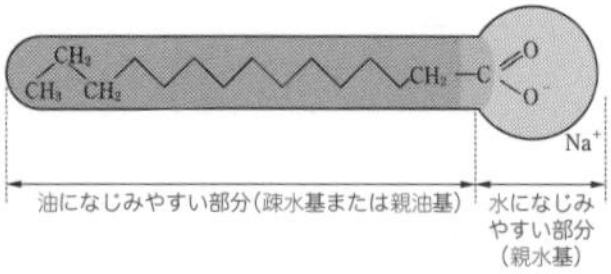

CH_2
CH_3 CH_2
CH_2 －C
O
O⁻
Na^+
油になじみやすい部分（疎水基または親油基）
水になじみやすい部分（親水基）

□3 ★★★ セッケンを水に溶かすと，水と空気との境界にあるセッケン分子は，その [1 ★★★] の部分を上側（空気側）にして並ぶ。（関西大）

(1) 疎水性 [[別]親油性，疎水基，親油基]

□4 ★★★ セッケンは，[1 ★★★] と水酸化ナトリウムを反応させてつくられる脂肪酸の塩である。（センター）

(1) 油脂

〈解説〉油脂＋水酸化ナトリウム $\xrightarrow{\text{加熱}}$ グリセリン＋脂肪酸の塩（セッケン）
脂肪酸は，カルボキシ基－COOH を 1 個もつ。

[応用] □5 ★★★ セッケンは高級 [1★★★] のナトリウム塩で，油脂からつくられ，古くから洗濯などに使われてきた。分子中に親水性の部分と [2★★] の部分を有することから，水にも油にも溶けやすく，水と油をなじませるはたらきをする。セッケン水の表面で，セッケン分子は図の(a)のように配列する。このため水の表面張力を著しく小さくする。このようなはたらきをする物質を [3★★] 剤という。一定濃度以上のセッケン水では，図の(b)のようにセッケン分子は [2★★] の部分を内側に，親水性の部分を外側に向けた [4★★] をつくる。

(1) 脂肪酸
(2) 疎水性
[別]親油性]
(3) 界面活性
(4) ミセル

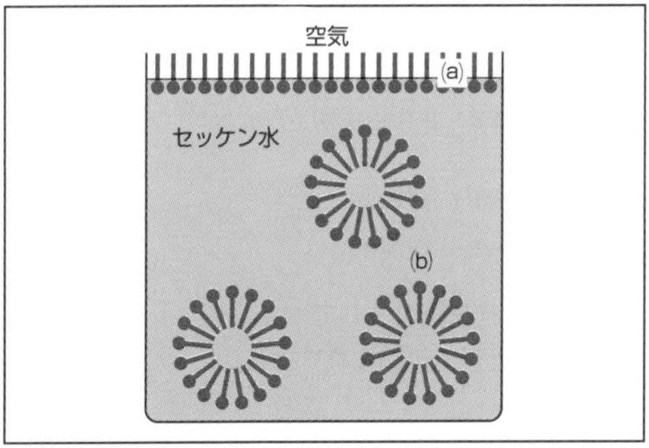

（富山県立大）

〈解説〉脂肪酸は R−COOH と書く。

[応用] □6 ★★★ セッケンが水中である濃度以上になるとコロイド溶液をつくる。このとき生じるコロイド粒子を [1★★] という。この溶液に油を加えてよく振り混ぜると，セッケン分子は油滴のまわりを囲み，油滴は微粒子となって分散する。この現象を [2★★★] という。（関西大）

(1) ミセル
(2) 乳化

〈解説〉

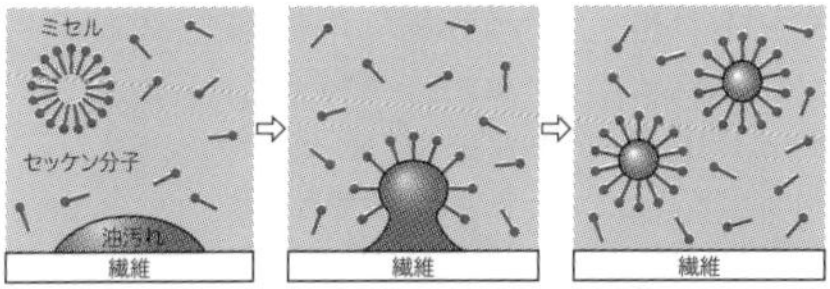

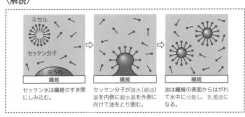

セッケン水は繊維のすき間にしみ込む。

セッケン分子が疎水（親油）基を内側に親水基を外側に向けて油をとり囲む。

油は繊維の表面からはがれて水中に分散し，乳濁液になる。

□**7**
★★★
セッケンは，水に溶かすと弱 1 ★★★ 性を示す。

(共通テスト)

〈解説〉セッケン R-COONa は，弱酸と強塩基を中和することによってできると考えられる塩なので，その水溶液は弱塩基性を示す。

$$R-COO^- + H_2O \rightleftarrows R-COOH + \underset{\text{弱塩基性}}{OH^-}$$

そのため，絹や羊毛などのアルカリに弱い動物繊維の洗濯に使うことが難しい。

(1) 塩基 [⑩アルカリ]

□**8**
★★★
セッケンを 1 ★★★ 中で使用すると，洗浄力は著しく低下する。その原因は，セッケンの 2 ★★★ 部分が 3 ★★★ などと結びついて水に不溶な化合物をつくるためである。

(センター)

〈解説〉セッケンは，Ca^{2+} や Mg^{2+} を多く含む水(硬水)や海水では洗浄力が低下する。

$$2R-COO^- + Ca^{2+} \longrightarrow (R-COO)_2Ca \downarrow$$

$$2R-COO^- + Mg^{2+} \longrightarrow (R-COO)_2Mg \downarrow$$

(1) 硬水 [⑩海水]
(2) 親水性
(3) カルシウムイオン Ca^{2+}
[⑩マグネシウムイオン Mg^{2+}]

□**9**
★★★
1 ★★★ の代わりに石油などを原料としてつくられるスルホン酸塩は 2 ★★★ として用いられている。

(センター)

〈解説〉合成洗剤の例

アルコール系合成洗剤

$$\underset{\underset{\text{疎水基}}{\text{(親油基)}}}{C_{12}H_{25}} - \underset{\text{親水基}}{OSO_3^- Na^+}$$

硫酸ドデシルナトリウム

石油系合成洗剤

$$C_nH_{2n+1} - \underset{\underset{\text{疎水基}}{\text{(親油基)}}}{\bigcirc} - \underset{\text{親水基}}{SO_3^- Na^+}$$

アルキルベンゼンスルホン酸ナトリウム

スルホ基$-SO_3H$ をもつものをスルホン酸という。

(1) 油脂
(2) 合成洗剤

応用 □**10**
★★★
石油から合成した界面活性剤であるアルキルベンゼンスルホン酸ナトリウムは，その水溶液は 1 ★★★ を示す。これは，硬水において沈殿を生じない。 (岡山大)

〈解説〉合成洗剤である $C_{12}H_{25}-O-SO_3^- Na^+$ やアルキルベンゼンスルホン酸ナトリウム $C_nH_{2n+1}-\bigcirc-SO_3^- Na^+$ は，いずれも強酸と強塩基を中和することによってできると考えられる塩なので，その水溶液はセッケン水と異なり中性を示す。そのため，絹や羊毛の洗濯にも使える。また，カルシウム塩やマグネシウム塩が沈殿しないので，これらの合成洗剤は硬水中でも泡立ち，使うことができる。

(1) 中性

□[11] 浄水場においては，[1★★]やオゾンを用いて水を殺菌している。（センター）
★★

(1) 塩素 Cl_2

[応用] □[12] 塩素を中心原子としたオキソ酸のうち，塩素と結合した酸素の数が最も少ない[1★★]は一般に漂白剤の主成分として使われている。（慶應義塾大）
★★

(1) 次亜塩素酸 $HClO$

□[13] 水の汚れを表す尺度としてCOD（化学的酸素要求量）がある。これは主として，水の中の[1★★]による汚れの程度を示すものである。（センター）
★★

〈解説〉Chemical Oxygen Demand（COD）は，水中の有機物を化学的に酸化するのに必要な酸素の量を表す。

(1) 有機物 [[別]有機化合物]

□[14] 雨水には空気中の二酸化炭素が溶けているため，大気汚染の影響がなくてもそのpHは7より[1★★]い。（センター）
★★

〈解説〉雨水はpH5.7程度の弱酸性を示す。

(1) 小さ

□[15] 石油や石炭を燃やしたときに排出される煙の中には，窒素酸化物や硫黄酸化物が含まれる。これらの酸化物は大気中で化学変化し，[1★★★]や[2★★★]（順不同）になる。それらが溶け込むと，雨水のpHの値は[3★★]なる。このように，大気中に排出された窒素酸化物や硫黄酸化物は，酸性雨の原因となる。（センター）
★★★

〈解説〉pHが5.6以下の雨を酸性雨という。

(1) 硝酸 HNO_3 [[別]亜硝酸 HNO_2]
(2) 硫酸 H_2SO_4 [[別]亜硫酸 H_2SO_3]
(3) 小さく

□[16] [1★★]は大気の約8割を占める気体である。一般的には不活性なガスであるが，高温で酸素と反応することで，[2★★]や[3★★]などの[4★]が生成する。例えば，瞬間的に高温条件となる自動車のエンジン内部では[1★★]は酸素と反応して[2★★]が生成する。大気中に排出された[2★★]は空気中の酸素とただちに反応して[3★★]が生成する。生成した[3★★]は最終的に雨水などに溶け，酸性雨の原因となる[5★★]となる。（名古屋工業大）
★★

(1) 窒素 N_2
(2) 一酸化窒素 NO
(3) 二酸化窒素 NO_2
(4) (窒素)酸化物
(5) 硝酸 HNO_3

□[17] 化石燃料を高温で大量に燃やす際に生成する窒素酸化物は，[1★]スモッグの原因の一つになる。（センター）
★

(1) 光化学

□18 ★★ 上空では太陽からの [1★★] をオゾン層が吸収し，生物に有害な [1★★] を防御している。オゾンには強い [2★★] があるため，私たちの日常生活において，殺菌，消臭，上下水道の浄化などで使用されている。（名古屋市立大）

(1) 紫外線（しがいせん）
(2) 酸化力（さんかりょく）[[別]酸化作用（さんかさよう）]

□19 ★★★ [1★★★] は，南極の上空で観測されている。（センター）

〈解説〉オゾン層におけるオゾン O_3 濃度の少ない部分をいう。

(1) オゾンホール

□20 ★★ オゾン層は，太陽光線中の [1★★] を吸収して，地上の生物を保護している。（共通テスト）

(1) 紫外線（しがいせん）

□21 ★★★ オゾン層が冷蔵庫やエアコンの冷媒などに使用されてきた [1★★★] 類により破壊されることが知られている。（名古屋市立大）

〈解説〉フロンは，安定で発火性の低い化合物である。

(1) フロン

□22 ★★★ 冷蔵庫などに用いられてきたフロンはオゾン層を破壊する。また，フロンは [1★★★] の原因にもなることが知られている。（センター）

(1) 温室効果（おんしつこうか）[[別]（地（ち）球（きゅう））温暖化（おんだんか）]

□23 ★★★ 化石燃料の燃焼にともない発生する二酸化炭素は，地表から放射される [1★★★] を吸収するので，気温を [2★★] させる作用をもつ。このような現象は [3★★★] とよばれている。（センター）

〈解説〉二酸化炭素 CO_2 のほかに，メタン CH_4，フロンなども地球温暖化の原因となると考えられている。

(1) 赤外線（せきがいせん）
(2) 上昇（じょうしょう）
(3) 温室効果（おんしつこうか）

□24 ★★ メタンは水田や沼などでメタン細菌によって生産され，大気中にわずかに含まれており，[1★] 線を吸収し，地表から放射された熱を地表に戻して暖めるため，強力な [2★★] として作用し，その作用は同じ濃度の二酸化炭素と比べて強い。（同志社大）

(1) 赤外（せきがい）
(2) 温室効果（おんしつこうか）ガス

□25 ★★ 大気中に含まれる [1★★] の濃度は年々増加しており，温室効果ガスとして地球温暖化の原因のひとつと考えられている。[1★★] は水に溶けると炭酸を生じる。（関西学院大）

(1) 二酸化炭素（にさんかたんそ） CO_2

□26 ★★★
空き缶，空きビン，古紙の回収・再利用は，貴重な資源やエネルギーの節約になる。例えば [1★★★] は，それを鉱石から取り出すときに膨大な量の電力を必要とすることから，「電気の缶詰」とよばれている。したがって，[1★★★] のリサイクルは，電力の節約にもなり，発電に使用される石油や石炭などの [2★★] の節約にもなる。そして，地球温暖化の原因ともなる [3★★★] の発生を減らすことができる。また，古紙のリサイクルは，紙の原料である [4★] の節約になり，自然破壊の防止につながる。（センター）

(1) アルミニウム　Al
(2) 化石燃料
(3) 二酸化炭素　CO_2
(4) 木材［[別]パルプ］

□27 ★
ア〜ウに描かれている矢印は，[1★] できることを示しており，イの容器をウの容器から選別するには [2★] が用いられる。

（センター）

〈解説〉スチールは鉄の合金で，磁石にくっつくが，アルミニウムは磁石にはくっつかない。

(1) リサイクル
(2) 磁石［[別]電磁石］

□28 ★
廃プラスチックの処理が大きな社会問題となっているが，その解決策の一つとして，光や [1★] によって分解されるプラスチックの開発が進められている。（センター）

〈解説〉生分解性プラスチック：土中の微生物によって分解（生分解）される。

(1) 微生物

[応用] □29 ★
現在では，合成高分子化合物の製品には法律で識別マークが付けられ，使用後には回収されてリサイクルが行われている。リサイクルの方法には，融かしてもう一度製品として用いる [1★] リサイクルや，単量体や分子量の小さな化合物まで分解して再び原料として利用する [2★] リサイクルなどがある。（群馬大）

(1) マテリアル
(2) ケミカル

[応用] □30 ★ 現在，大量に利用されている PET ボトルは，分別回収後，融解して，そのまま樹脂や繊維に加工されてリサイクルされている。PET ボトルでおこなわれているリサイクルは [1★] とよばれている。（秋田大）

(1) マテリアルリサイクル

[応用] □31 ★ 高分子を化学反応により単量体などの分子量の小さな化合物へと分解し，化学工業の原料などに用いることを，[1★] リサイクルという。ナイロン6の [1★] リサイクルは実際に行われている。（富山大）

(1) ケミカル

[応用] □32 ★ 現代における「化学」は，人々の暮らしを豊かにするだけではなく，環境保全の役割も担っている。こうした「人体や環境への負荷を最小限にすることを目指した化学」は一般に [1★] とも呼ばれている。（東京海洋大）

(1) グリーンケミストリー [[別]グリーンサスティナブルケミストリー]

6 現代社会を支える化学技術　▼ ANSWER

□1 高純度の 1 ★★★ は，2 ★★ エネルギーを 3 ★★ エネルギーに変換するための太陽電池に使用されている。
（センター）

(1) ケイ素 Si
(2) 光
(3) 電気

□2 高純度で透明度の高い石英ガラスは，高速通信用 1 ★★ として使用されている。
（センター）

〈解説〉水晶を融解させた石英ガラス SiO_2 からつくる。

(1) 光ファイバー

□3 アクリル繊維を不活性ガス中において高温で炭化して得られる繊維は 1 ★★ と呼ばれ，軽量で強度や弾性に優れており，航空機の機体やテニスのラケットなどに利用される。
（秋田大）

〈解説〉炭素を主成分とする繊維。

(1) 炭素繊維
　［劔カーボン
　ファイバー］

□4 1 ★ は，透明で，耐衝撃性に優れているため，CD や DVD などに用いられている。
（センター）

(1) ポリカーボネート(樹脂)

□5 1 ★★ 樹脂は，大量の水を吸収するので，乳幼児のおむつなどに用いられている。
（センター）

〈解説〉
$$\left[\begin{array}{c} CH_2-CH \\ | \\ COONa \end{array} \right]_n$$
ポリアクリル酸ナトリウムなど

(1) 高吸水性

□6 1 ★ 吸蔵合金は，1 ★ を大量に吸収するので，クリーンエネルギー源である 1 ★ の貯蔵材として用いられている。
（センター）

〈解説〉高圧ボンベに貯蔵するより安全に貯蔵できる。

(1) 水素

□7 変形しても，温度を変えると元の形に戻る新素材として，形状記憶 1 ★ や形状記憶樹脂がある。
（センター）

〈解説〉眼鏡のフレームなどに利用される。

(1) 合金

□8 超伝導体は，低温にすると電気抵抗が 1 ★ するので，強力な電磁石として用いられている。
（センター）

〈解説〉極低温で電気抵抗が0になる。

(1) 低下 ［劔減少］

201

第10章

化学の発展と実験における基本操作

1 化学史

▼ ANSWER

□**1** ★
　1★ の考え方は誤っていたが，1★ が行われていた時代に物質や物質の変化を取り扱う技術が進歩した。
(センター)

(1) 錬金術（れんきんじゅつ）

□**2** ★★★
　18世紀後半になると，精密な実験が行われるようになり，化学反応の前後で質量の総和が変わらないという 1★★★ の法則や，同じ化合物の成分元素の質量比が，つねに一定であるという 2★★★ の法則が発見された。

　19世紀初頭，3★★★ は，これらの法則を説明するために，すべての物質は，分割することのできない粒子，すなわち 4★★★ からなると考えた。　(センター)

〈解説〉1774年　ラボアジエ（フランス）質量保存の法則
　　　　1799年　プルースト（フランス）定比例の法則
　　　　1803年　ドルトン（イギリス）原子説，倍数比例の法則
　　　　1808年　ゲーリュサック（フランス）気体反応の法則
　　　　1811年　アボガドロ（イタリア）分子説，アボガドロの法則

(1) 質量保存（しつりょうほぞん）
(2) 定比例（ていひれい）
(3) ドルトン
(4) 原子（げんし）

□**3** ★★★
　18世紀末にフランスのラボアジエは，密閉容器と天秤を用いて物質の燃焼について詳しく調べた。その結果「化学変化の前後において，物質の質量の総和は変化しない」ことを見出し，これを 1★★★ の法則とした。
(金沢大)

(1) 質量保存（しつりょうほぞん）

□**4** ★★★
　プルーストは，天然の炭酸銅と，実験室で合成した炭酸銅の成分の質量比が一定であることから，「化合物中の成分元素の質量比は，常に一定である」とし，これを 1★★★ の法則と唱えた。
(金沢大)

〈解説〉例えば二酸化炭素の中の炭素と酸素の質量比は，二酸化炭素のつくり方によらず炭素：酸素＝3：8で常に一定である。

(1) 定比例（ていひれい）

□**5**
★★★
「炭素 12g に化合する酸素の量は，一酸化炭素ができるときは 16g，二酸化炭素ができるときは 32g である。」この法則を 1 ★★★ という。

(明治大)

〈解説〉16g : 32g = 1 : 2 という簡単な整数比となっている。ドルトンが唱えた。

(1) 倍数比例の法則

□**6**
★★★
1 ★★★ は，すべての物質は，小さな分割できない粒子(原子)からできているという 2 ★★★ を発表した。

(センター)

(1) ドルトン
(2) 原子説

□**7**
★★★
19 世紀に入るとすぐに，イギリスのドルトンは「同じ二種類の元素からなる異なった化合物 A と B において，一方の元素の一定質量に化合するもう一方の元素の質量比は，簡単な整数比になる」という 1 ★★★ の法則を提唱した。また，ドルトンはこれらの法則を理解するために，「物質は，それ以上に分割できない粒子によって構成され，化合物はその粒子が一定の個数ずつ結合したものである」とした。この考え方は，ドルトンの 2 ★★★ 説とよばれた。

(金沢大)

(1) 倍数比例
(2) 原子

□**8**
★★★
フランスのゲーリュサックは気体どうしの反応を詳しく調べることで，「気体どうしの反応や，反応によって気体が生成するとき，それら気体の体積の間には簡単な整数比が成り立つ」という 1 ★★★ の法則を発見した。

(金沢大)

(1) 気体反応

□**9**
★★★
気体反応の法則は，ドルトンの 1 ★★★ 説と矛盾する実験結果を含んでおり，物質の構成に関する新たな問題が提起された。この論争中に，イタリアのアボガドロは，いくつかの粒子が結合し一つの単位となる考え方を導入し，「気体は同温・同圧のとき，同体積中に同数の 2 ★★★ が含まれている」と提唱した。この考え方は，アボガドロの 2 ★★★ 説とよばれ，化学における多くの基本法則を理解する上での礎となった。

(金沢大)

(1) 原子
(2) 分子

□ **10**
★★★
　| 1 ★★★ | は，気体の種類によらず，同温・同圧で同体積の気体には，同数の | 2 ★★ | が含まれるという仮説を提唱した。この仮説は，今日では | 1 ★★★ | の法則として知られている。

(共通テスト)

〈解説〉アボガドロは，分子説を唱え，アボガドロの法則を発表した。この法則によって，気体反応の法則と原子説の矛盾が解消された。

(1) アボガドロ
(2) 分子

□ **11**
★★★
　一酸化窒素の生成反応では，窒素1体積と酸素1体積から一酸化窒素2体積ができる。この化学変化をドルトンの | 1 ★★★ | で考えると，図1のように，半分の窒素原子と半分の酸素原子が結びついていることになり，| 1 ★★★ | に反する。次にアボガドロの | 2 ★★★ | で考えると，図2のようになる。窒素と酸素をそれぞれ2個の | 3 ★★★ | が結びついた | 4 ★★★ | と考え，一酸化窒素も窒素 | 3 ★★★ | と酸素 | 3 ★★★ | が1個ずつ結びついた | 4 ★★★ | と考えると，うまく説明できる。

(1) 原子説
(2) 分子説
(3) 原子
(4) 分子

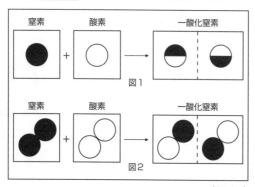

図1

図2

(センター)

〈解説〉図1では原子を分割してしまっている。

2 実験の基本操作　　▼ANSWER

□1 操作1　図のガスバーナーの調節ねじ A，B がともに
★★　　　閉まっていることを確認し，ガスの元栓を開
　　　　ける。

操作2　ガスバーナーの燃焼口に火を近づけて，調節
　　　　ねじ 1★★ を矢印の方向に少し回して点火
　　　　する。

操作3　調節ねじ 2★★ を矢印の方向に回して炎を
　　　　大きくする。

操作4　調節ねじ 2★★ を押さえ，調節ねじ
　　　　3★★ を矢印の方向に回して炎が青くなる
　　　　よう調節する。

操作5　使用後，調節ねじ A，B を閉め，元栓を閉じ
　　　　る。

(1) B
(2) B
(3) A

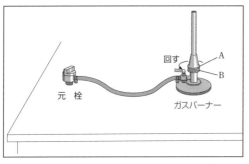

回す

A
B

元　栓

ガスバーナー

(センター)

〈解説〉A は空気調節ねじ，B はガス調節ねじ。

□2 塩化ナトリウム水
★★　溶液を 1★★★ に
　　入れて，液面の最
　　も 2★ いとこ
　　ろに目の高さを合
　　わせて目盛りをよ
　　みとった。

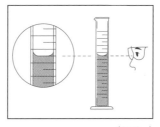

(センター)

(1) メスシリンダー
(2) 低

□3 ★
実験を行うときは，[1★] をかける。（センター）
(1) 保護めがね

□4 ★
強い酸や塩基が手についたときは，必ずすぐに大量の [1★] で洗い流す。（センター）
(1) 水［[別]水道水］

□5 ★
薬品のにおいをかぐときは，容器の口に鼻を直接近づけ [1★] 。（センター）
〈解説〉手で気体をあおぎよせる。
(1) ない

□6 ★
液体を注ぐとき，試薬びんのラベルが [1★] になるようにして注ぐ。（センター）
(1) 上

□7 ★★
[1★★] は，水にふれると激しく発熱するので，うすめるときには水に少しずつ加え，よくかき混ぜる。（センター）
〈解説〉ビーカーに入れた純水に濃硫酸を少しずつ注ぐ。
(1) (濃)硫酸 H_2SO_4

□8 ★
ジエチルエーテルは，[1★] しやすいので，火気のないところで使用する。使用後は，びんのふたをしっかり閉めて保管する。（センター）
(1) 引火

□9 ★
重金属イオンを含む水溶液は，流しに捨てずに [1★] に集める。（センター）
(1) 廃液だめ

□10 ★★★
黄リンは空気中で [1★★★] することがあるので，[2★★★] に保存する。（センター）
(1) (自然) 発火
(2) 水中

□11 ★★★
濃硝酸は [1★★★] によって分解するので，[2★★★] に入れて保存する。（センター）
(1) 光
(2) 褐色びん

□12 ★★
水酸化ナトリウムは，[1★★★] するため，[2★] して保存する。（センター）
(1) 潮解
(2) 密閉

□13 ★★
[1★★] の水溶液はガラスの主成分と反応するため，通常はポリエチレンの容器に保存される。（岩手大）
〈解説〉この水溶液は，フッ化水素酸とよばれる。
(1) フッ化水素 HF

特別付録

索 引

INDEX

この索引には，本書の「正解（赤文字）」や問題文と解説の中で登場する，重要な「化学基礎の用語」が五十音順に整理されています。

用語の右側にある数字は，その用語に関する重要な問題が掲載されているページです。

大学受験　一問一答シリーズ

化学基礎 一問一答【完全版】3rd edition

発行日：2024 年 2 月 26 日　初版発行

著　者：橋爪健作
発行者：永瀬昭幸
発行所：株式会社ナガセ
〒180-0003　東京都武蔵野市吉祥寺南町 1-29-2
出版事業部（東進ブックス）
TEL：0422-70-7456 ／ FAX：0422-70-7457
www.toshin.com/books/（東進WEB書店）
（本書を含む東進ブックスの最新情報は，東進WEB書店をご覧ください）

編集担当：中島亜佐子

制作協力：澤田ほむら・小林朱夏・金井淳太・栩伸太郎
カバーデザイン：LIGHTNING
本文デザイン：東進ブックス編集部
本文イラスト：新谷圭子・大木誓子
DTP・印刷・製本：シナノ印刷株式会社

東進の実力講師陣 数多くのベストセラー参考書を執筆!!

**東進ハイスクール・
東進衛星予備校では、
そうそうたる講師陣が君を熱く指導する!**

本気で実力をつけたいと思うなら、やはり根本から理解させてくれる一流講師の授業を受けることが大切です。東進の講師は、日本全国から選りすぐられた大学受験のプロフェッショナル。何万人もの受験生を志望校合格へ導いてきたエキスパート達です。

英語

本物の英語力をとことん楽しく!日本の英語教育をリードするMr.4Skills。

安河内 哲也先生
[英語]

100万人を魅了した予備校界のカリスマ。抱腹絶倒の名講義を見逃すな!

今井 宏先生
[英語]

爆笑と感動の世界へようこそ。「スーパー速読法」で難解な長文も速読即解!

渡辺 勝彦先生
[英語]

雑誌『TIME』やベストセラーの翻訳も手掛け、英語界でその名を馳せる実力講師。

宮崎 尊先生
[英語]

いつのまにか英語を得意科目にしてしまう、情熱あふれる絶品授業!

大岩 秀樹先生
[英語]

全世界の上位5%(PassA)に輝く、世界基準のスーパー実力講師!

武藤 一也先生
[英語]

関西の実力講師が、全国の東進生に「わかる」感動を伝授。

慎 一之先生
[英語]

数学

数学を本質から理解し、あらゆる問題に対応できる力を与える珠玉の名講義!

志田 晶先生
[数学]

論理力と思考力を鍛え、問題解決力を養成。多数の東大合格者を輩出!

青木 純二先生
[数学]

「ワカル」を「デキル」に変える新しい数学は、君の新学力を刺激し、数学のイメージを覆す!

松田 聡平先生
[数学]

予備校界を代表する講師による魔法のような感動講義を東進で!

河合 正人先生
[数学]

国語

「脱・字面読み」トレーニングで、「読む力」を根本から改革する！
輿水 淳一先生
[現代文]

明快な構造板書と豊富な具体例で必ず君を納得させる！「本物」を伝える現代文の新鋭。
西原 剛先生
[現代文]

東大・難関大志望者から絶大なる信頼を得る本質の指導を追究。
栗原 隆先生
[古文]

ビジュアル解説で古文を簡単明快に解き明かす実力講師。
富井 健二先生
[古文]

縦横無尽な知識に裏打ちされた立体的な授業に、グングン引き込まれる！
三羽 邦美先生
[古文・漢文]

幅広い教養と明解な具体例を駆使した緩急自在の講義。漢文が身近になる！
寺師 貴憲先生
[漢文]

文章で自分を表現できれば、受験も人生も成功できます。「笑顔と努力」で合格を！
石関 直子先生
[小論文]

理科

正しい道具の使い方で、難問が驚くほどシンプルに見えてくる！
宮内 舞子先生
[物理]

化学現象を疑い化学全体を見通す"伝説の講義"は東大理三合格者も絶賛。
鎌田 真彰先生
[化学]

「なぜ」をとことん追究し「規則性」「法則性」が見えてくる大人気の授業！
立脇 香奈先生
[化学]

「いきもの」をこよなく愛する心が君の探究心を引き出す！生物の達人。
飯田 高明先生
[生物]

地歴公民

歴史の本質に迫る授業と、入試頻出の「表解板書」で圧倒的な信頼を得る！
金谷 俊一郎先生
[日本史]

つねに生徒と同じ目線に立って、入試問題に対する的確な思考法を教えてくれる。
井之上 勇 先生
[日本史]

"受験世界史に荒巻あり"と言われる超実力人気講師！世界史の醍醐味を。
荒巻 豊志先生
[世界史]

世界史を「暗記」科目だなんて言わせない。正しく理解すれば必ず伸びることを一緒に体感しよう。
加藤 和樹先生
[世界史]

どんな複雑な歴史も難問も、シンプルな解説で本質から徹底理解できる。
清水 裕子先生
[世界史]

わかりやすい図解と統計の説明に定評。
山岡 信幸先生
[地理]

政治と経済のメカニズムを論理的に解明しながら、入試頻出ポイントを明確に示す。
清水 雅博先生
[公民]

「今」を知ることは「未来」の扉を開くこと。受験に留まらず、目標を高く、そして強く持て！
執行 康弘先生
[公民]

付録 2

映像による IT 授業を駆使した最先端の勉強法

高速学習

一人ひとりの レベル・目標にぴったりの授業

東進はすべての授業を映像化しています。その数およそ1万種類。これらの授業を個別に受講できるので、一人ひとりのレベル・目標に合った学習が可能です。1.5倍速受講ができるほか自宅からも受講できるので、今までにない効率的な学習が実現します。

1年分の授業を 最短2週間から1カ月で受講

従来の予備校は、毎週1回の授業。一方、東進の高速学習なら毎日受講することができます。だから、1年分の授業も最短2週間から1カ月程度で修了可能。先取り学習や苦手科目の克服、勉強と部活との両立も実現できます。

現役合格者の声

東京大学 文科一類
早坂 美玖さん
東京都 私立 女子学院高校卒

私は基礎に不安があり、自分に合ったレベルから対策ができる東進を選びました。東進では、担任の先生との面談が頻繁にあり、その都度、学習計画について相談できるので、目標が立てやすかったです。

先取りカリキュラム

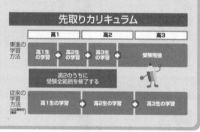

目標まで一歩ずつ確実に

スモールステップ・ パーフェクトマスター

自分にぴったりのレベルから学べる 習ったことを確実に身につける

高校入門から最難関大までの12段階から自分に合ったレベルを選ぶことが可能です。「簡単すぎる」「難しすぎる」といったことがなく、志望校へ最短距離で進みます。

授業後すぐに確認テストを行い内容が身についたかを確認し、合格したら次の授業に進むので、わからない部分を残すことはありません。短期集中で徹底理解をくり返し、学力を高めます。

現役合格者の声

東北大学 工学部
関 響希くん
千葉県立 船橋高校卒

受験勉強において一番大切なことは、基礎を大切にすることだと学びました。「確認テスト」や「講座修了判定テスト」といった東進のシステムは基礎を定着させるうえでとても役立ちました。

パーフェクトマスターのしくみ

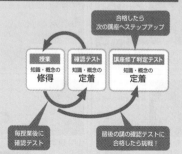

徹底的に学力の土台を固める

高速マスター 基礎力養成講座

高速マスター基礎力養成講座は「知識」と「トレーニング」の両面から、効率的に短期間で基礎学力を徹底的に身につけるための講座です。英単語をはじめとして、数学や国語の基礎項目も効率よく学習できます。オンラインで利用できるため、校舎だけでなく、スマートフォンアプリで学習することも可能です。

現役合格者の声

早稲田大学 基幹理工学部
曽根原 和奏さん
東京都立 立川国際中等教育学校卒

演劇部の部長と両立させながら受験勉強をスタートさせました。「高速マスター基礎力養成講座」はおススメです。特に英単語は、高3になる春までに完成させたことで、その後の英語力の自信になりました。

東進公式スマートフォンアプリ

スマートフォンアプリでスキマ時間も徹底活用！

東進式マスター登場！
（英単語／英熟語／英文法／基本例文）

1）スモールステップ・パーフェクトマスター！
頻出度（重要度）の高い英単語から始め、1つのSTAGE（計100語）を完全修得すると次のSTAGEに進めるようになります。

2）自分の英単語力が一目でわかる！
トップ画面に「修得語数・修得率」をメーター表示。自分が今何語修得しているのか、どこを優先的に学習すべきなのか一目でわかります！

3）「覚えていない単語」だけを集中攻略できる！
未修得の単語、または「My単語（自分でチェック登録した単語）」だけをテストする出題設定が可能です。
すでに覚えている単語を何度も学習するような無駄を省き、効率良く単語力を高めることができます。

共通テスト対応 英単語1800
共通テスト対応 英熟語750
英文法750
英語基本例文300

「共通テスト対応英単語1800」2023年共通テストカバー率99.8%！

君の合格力を徹底的に高める

志望校対策

第一志望校突破のために、志望校対策にどこよりもこだわり、合格力を徹底的に極める質・量ともに抜群の学習システムを提供します。従来からの「過去問演習講座」に加え、AIを活用した「志望校別単元ジャンル演習講座」、「第一志望校対策演習講座」で合格力を飛躍的に高めます。東進が持つ大学受験に関するビッグデータをもとに、個別対応の演習プログラムを実現しました。限られた時間の中で、君の得点力を最大化します。

現役合格者の声

京都大学 法学部
山田 悠雅くん
神奈川県 私立 浅野高校卒

「過去問演習講座」には解説授業や添削指導があるので、とても復習がしやすかったです。「志望校別単元ジャンル演習講座」では、志望校の類似問題をたくさん演習できるので、これで力がついたと感じています。

大学受験に必須の演習

過去問演習講座

1. 最大10年分の徹底演習
2. 厳正な採点、添削指導
3. 5日以内のスピード返却
4. 再添削指導で着実に得点力強化
5. 実力講師陣による解説授業

東進×AIでかてない志望校対策

志望校別単元ジャンル演習講座

過去問演習講座の実施状況や、東進模試の結果など、東進で活用したすべての学習履歴をAIが総合的に分析。学習の優先順位をつけ、志望校別に「必勝必達演習セット」として十分な演習問題を提供します。問題は東進が分析した、大学入試問題の膨大なデータベースから提供されます。苦手を克服し、一人ひとりに適切な志望校対策を実現する日本初の学習システムです。

志望校合格に向けた最後の切り札

第一志望校対策演習講座

第一志望校の総合演習に特化し、大学が求める解答力を身につけていきます。対応大学は校舎にお問い合わせください。

学力を伸ばす模試

本番を想定した「厳正実施」
統一実施日の「厳正実施」で、実際の入試と同じレベル・形式・試験範囲の「本番レベル」模試。
相対評価に加え、絶対評価で学力の伸びを具体的な点数で把握できます。

12大学のべ42回の「大学別模試」の実施
予備校界随一のラインアップで志望校に特化した"学力の精密検査"として活用できます（同日・直近日体験受験を含む）。

単元・ジャンル別の学力分析
対策すべき単元・ジャンルを一覧で明示。学習の優先順位がつけられます。

最短中5日で成績表返却 WEBでは最短中3日で成績を確認できます。※マーク型の模試のみ

合格指導解説授業 模試受験後に合格指導解説授業を実施。重要ポイントが手に取るようにわかります。

2023年度

東進模試 ラインアップ

共通テスト対策
■ 共通テスト本番レベル模試 …… （全学年統一部門） **全4回**
■ 全国統一高校生テスト （高2生部門）（高1生部門） **全2回**

同日体験受験
■ 共通テスト同日体験受験 **全1回**

記述・難関大対策
■ 早慶上理・難関国公立大模試 **全5回**
■ 全国有名国公私大模試 **全5回**
■ 医学部82大学判定テスト **全2回**

基礎学力チェック
■ 高校レベル記述模試 （高2）（高1） **全2回**
■ 大学合格基礎力判定テスト **全4回**
■ 全国統一中学生テスト （全学年統一部門）（中2生部門）（中1生部門） **全2回**
■ 中学学力判定テスト （中2生）（中1生） **全4回**

※ 2023年度に実施予定の模試は、今後の状況により変更する場合があります。
　最新の情報はホームページでご確認ください。

大学別対策
■ 東大本番レベル模試 **全4回**
■ 高2東大本番レベル模試 **全4回**
■ 京大本番レベル模試 **全4回**
■ 北大本番レベル模試 **全2回**
■ 東北大本番レベル模試 **全2回**
■ 名大本番レベル模試 **全3回**
■ 阪大本番レベル模試 **全3回**
■ 九大本番レベル模試 **全3回**
■ 東工大本番レベル模試 **全2回**
■ 一橋大本番レベル模試 **全2回**
■ 神戸大本番レベル模試 **全2回**
■ 千葉大本番レベル模試 **全1回**
■ 広島大本番レベル模試 **全1回**

同日体験受験
■ 東大入試同日体験受験 **全1回**
■ 東北大入試同日体験受験 **全1回**
■ 名大入試同日体験受験 **全1回**

直近日体験受験 **各1回**

京大入試 直近日体験受験	北大入試 直近日体験受験	阪大入試 直近日体験受験
九大入試 直近日体験受験	東工大入試 直近日体験受験	一橋大入試 直近日体験受験

2023年 東進現役合格実績
難関大グループ 現役合格 史上最高続出!

東大 現役合格 実績日本一 [※1] 5年連続800名超!

※1 2022年の東大現役合格実績を公表している予備校の中で東進の853名が最大（2022年JDnet調べ）。

東大 845名

文科一類	121名	理科一類	311名
文科二類	111名	理科二類	126名
文科三類	107名	理科三類	38名
		学校推薦	31名

現役合格者の36.9%が東進生!

東進現役占有率 845 / 2,284 **36.9%**

全現役合格者（前期＋推薦）に占める東進生の割合
2023年の東大全体の現役合格者は2,284名。東進の現役合格者は845名。東進生占有率は36.9%。現役合格者の2.8人に1人が東進生です。

学校推薦型選抜も東進!
東大 31名
現役推薦 現役占有率 36.4%

現役推薦合格者の36.4%が東進生!

法学部	5名	薬学部	1名
経済学部	3名	医学部医学科の	
文学部	1名	75.0%が東進生!	
教養学部	2名	医学部医学科	3名
工学部	10名	医学部	
理学部	2名	健康総合科学科	1名
農学部	2名		

医学部も東進 日本一 [※2] の実績を更新!!

※2 2022年の国公立医・医現役合格実績を公表している予備校の中で東進の1,032名が最大（2022年JDnet調べ）。

国公立医・医 1,064名
昨対 +32名

史上最高! 987 / 1,032 / 1,064 ('21 / '22 / '23)

2023年の国公立大学医学部医学科全体の現役合格者は未公表のため、仮に昨年の現役合格者数（推定）を分母として東進生占有率を算出しました。東進生の占有率は29.4%。現役合格者の3.4人に1人が東進生です。

東進生現役占有率 **29.4%**

早慶 5,741名
昨対 +63名

早稲田大	3,523名	慶應義塾大 2,218名

上理 4,687名 ／ 明青立法中 17,520名
昨対 +394名 ／ 昨対 +492名

上智大	1,739名	明治大	5,294名
東京理科大	2,948名	青山学院大	2,216名
		立教大	2,912名
		法政大	4,193名
		中央大	2,905名

関関同立 13,655名 ／ 私立医・医 727名
昨対+1,022名 ／ 昨対+101名

関西学院大	2,861名	
関西大	2,918名	
同志社大	3,178名	
立命館大	4,698名	

日東駒専 10,945名 史上最高! 昨対+934名

国公立大 17,154名 史上最高! 昨対+652名

産近甲龍 6,217名 史上最高! 昨対+132名

旧七帝大 ＋東工大・一橋大・神戸大
4,703名
昨対 +91名

史上最高! 4,366 / 4,612 / 4,703 ('21 / '22 / '23)

東京大	845名
京都大	472名
北海道大	468名
東北大	417名
名古屋大	436名
大阪大	617名
九州大	507名
東京工業大	198名
一橋大	195名
神戸大	548名

国公立 総合・学校推薦型選抜も東進!

国公立医・医 318名 ／ 旧七帝大 ＋東工大・一橋・神戸大 446名
昨対 +16名 ／ 昨対 +31名

東大	31名
京大	16名
北海道大	13名
東北大	92名
名古屋大	59名
大阪大	41名
九州大	41名
東京工業大	25名
一橋大	7名
神戸大	42名

ウェブサイトでもっと詳しく
東進 🔍 検索

各大学の合格実績は、東進ネットワーク（東進ハイスクール、東進衛星予備校、早稲田塾）の現役生のみ、高3時在籍者のみの合同実績です。一人で複数合格した場合は、それぞれの合格者数に計上しています。

※2023年4月現在

元素の周期表

族	1	2	3	4	5	6	7	8
周期								
1	₁**H** 水素							
2	₃**Li** リチウム	₄**Be** ベリリウム						
3	₁₁**Na** ナトリウム	₁₂**Mg** マグネシウム						
4	₁₉**K** カリウム	₂₀**Ca** カルシウム	₂₁**Sc** スカンジウム	₂₂**Ti** チタン	₂₃**V** バナジウム	₂₄**Cr** クロム	₂₅**Mn** マンガン	₂₆**Fe** 鉄
5	₃₇**Rb** ルビジウム	₃₈**Sr** ストロンチウム	₃₉**Y** イットリウム	₄₀**Zr** ジルコニウム	₄₁**Nb** ニオブ	₄₂**Mo** モリブデン	₄₃**Tc** テクネチウム	₄₄**Ru** ルテニウム
6	₅₅**Cs** セシウム	₅₆**Ba** バリウム	57~71 ランタノイド	₇₂**Hf** ハフニウム	₇₃**Ta** タンタル	₇₄**W** タングステン	₇₅**Re** レニウム	₇₆**Os** オスミウム
7	₈₇**Fr** フランシウム	₈₈**Ra** ラジウム	89~103 アクチノイド	₁₀₄**Rf** ラザホージウム	₁₀₅**Db** ドブニウム	₁₀₆**Sg** シーボーギウム	₁₀₇**Bh** ボーリウム	₁₀₈**Hs** ハッシウム

└─ 典型元素 ─┘└──────────────── 遷移元素 ────────────────┘

☐ アルカリ金属   ☐ アルカリ土類金属

※12族元素は、遷移元